들뜨는 밤엔 화학을 마신다

어른의 과학 취향 1

들뜨는 밤에 화학을 마신다

장홍제 지음

추천의 말

물리학자 파인만은 말했다. "과학은 본질적으로 즐거운 탐구다", "나는 과학을 놀이처럼 여겼다." 그렇다. 과학은 재미있어야 한다. 그런데 재미에 술까지 곁들여진다면! 이 책 한 권이 과학이 재미없다는 편견과 술은 그냥 마시는 것이라는 통념을 송두리째 뒤엎는다. 저자인 장홍제 교수는 국내 최고의 화학자 중 한 명이자 술에 대한 넘치는 애정을 과학의 언어로 풀어내는 입담꾼이다.

《들뜨는 밤엔 화학을 마신다》는 그가 오랫동안 쌓아온 화학적 지식과 술에 대한 인간적 호기심을 한데 빚은 결과물이다. 술을 왜 마시는가부터 시작해서 술이 인류에게 어떤 의미였는지, 향기와 맛은 어떻게 뇌를 자극하는지, 숙취는 왜 오며 어떻게 극복할 수 있는지, 심지어 미래의 술은 어떤 모습일지까지 술과 인간 사이의 모든 주제를 망라한다. 술자리에서 건네는 한마디 농담처럼 가볍게 시작되지만 어느새 뇌 속에서는 알코올 대사 경로가 그려지고 유전자와 도파민 수용체, 후각 수용기와 알데하이드 분해효소의 이름이 떠오른다.

이 책은 '재밌는 과학 설명서'에 그치지 않는다. 각 장마다 등장하는 문학가, 예술가, 철학자의 술에 대한 명언이 여운을 더하고 "건배!"로 마무리되는 장의 부제들이 독서 자체를 하나의 술자리처럼 만든다. 책을 읽는 내내 마치 장홍제 교수가 유튜브에서처럼 눈을 반짝이며 당신에게 말을 거는 듯한 착각이 든다. 어렵지 않지만 얄팍하지 않으며 무엇보다 재미있다.

술을 좋아하는 사람에게는 과학이 친숙해지고, 과학을 좋아하는 사람에게는 술이 더 깊어진다. 둘 다 좋아한다면? 그야말로 환상의 궁합! 책장을 넘기는 손은 어느새 술잔을 드는 손과 닮아간다. 자, 그럼 이제 책장을 들이켜며 외쳐보자. "과학과 인생, 그 모든 기막힌 발효에 건배!"

— 이정모(전 국립과천과학관장)

차례

추천의 말		4
들어가며	**술과 화학의 만남**	9
첫 잔	술을 마시는 이유	15
	술을 찾아낸 위대한 선조에게 건배!	
두 번째 잔	술은 생명의 물이다	35
	생명의 물과 연금술사들에게 건배!	
세 번째 잔	오감의 예술	57
	자연의 향기와 인간의 예술에 건배!	
네 번째 잔	용기와 행복의 물약	79
	오늘 우리의 행복과 용기에 건배!	
다섯 번째 잔	술자리 전략 백서	99
	술을 깨우는 달콤함에 건배!	
여섯 번째 잔	어두운 술은 숙취가 심하다	117
	숙취를 이겨낼 내일의 나에게 건배!	

| 일곱 번째 잔 | 생명의 물, 생명의 독 | 139 |
| | 숙취마저 사랑하게 만드는 즐거움에 건배! | |

| 여덟 번째 잔 | 술의 화학적 재조합 | 161 |
| | 과학이 빚어낼 술의 미래에 건배! | |

| 아홉 번째 잔 | 한 번 더 나에게 질풍 같은 용기를 | 183 |
| | 내일도 술자리에 모일 우리의 열정과 용기에 건배! | |

| 열 번째 잔 | 술의 마법과 속임수 | 209 |
| | 계속될 우리의 낭만에 건배! | |

| 마지막 잔 | 술에 대한 못다 한 이야기들 | 225 |
| | 언젠가 함께할 우리의 시간을 위해 건배! | |

| 미주 | | 229 |

들어가며

술과 화학의 만남

일상을 바라보는 눈은 사람마다 다르다. 그 모습 자체를 담백하게 이해할 수도 있고, 오감으로 느껴지는 아름다움을 화려하게 나열하는 것도 가능하다. 드러나지 않은 채 담겨 있는 역사를 마치 눈앞에서 겪는 듯 생생하게 풀어낼 수 있는가 하면, 자연의 원리를 분석하고 해석해 논리로 중무장한 채 냉철하게 해체하는 방향도 있다.

특히 마지막 방식은 자연과학 분야마다 완벽히 다르기에 더욱 흥미롭다. 술자리에 다양한 과학자들을 모아놓고 마음껏 떠들고 즐기게 내버려두면 아마도 물리학자들은 밀봉된 술병을 따는 순간부터 잔에 술을 따르고 휘휘 돌리는 스월링swirling의 움직임과 이후 벽면을 타고 흘러내리는 점성 있는 티어스tears를 설명하려 들 것이다. 생명과학자들은 알코올을 탄생시킨 미생물의 환상적인 역할부터 살균과 소독의 의미, 취해가는 자기 모습을 인체와 술의 복잡한 상호 작용과 연결해 끝없이 이야기할 듯싶다. 그렇다면 화학자들은 같은 술을 바라보며 어떤 생각을 할까?

흔히 화학은 물질의 학문이자 변화의 학문이라 한다. 우주와 그 안에 속한 모든 것은 실체를 갖는 물질인 만큼 화학이 통용되지 않는 곳은 우리 물질계 그 어디에도 없다. 자연스레 화학자의 관심은 해체이자 해석이며 재구성으로 향한다. 우리 앞에 놓인 것이 무엇으로 구성되어 있으며, 도대체 왜 서로 연결되어 이처럼 흥미로운 모양을 유지할 수 있고, 만약 내 손을 통해 재현되려면 어떤 과정을 거쳐야 할지가 관심사다.

화학이라는 학문은 편리한 만큼 불안하고 두려운 것들로도 가득하다. 자세히 알게 되면 전혀 무섭지 않다는 이야기는 차마 못 하겠다. 더 안전해질 수 있을 뿐 무섭지 않음은 거짓일 테니. 사람들이 화학자에게 궁금해하는 주제는 거의 정해져 있다. 이는 많은 대중을 만나며 질문을 받아본 나의 경험만 바탕으로 삼아 이야기한다는 점을 미리 밝힌다. 첫 번째로 정말 납을 금으로 바꿀 수 있을지를 묻는 과거 연금술에 관한 자극적인 이야기. 두 번째로는 세상을 이롭게 하는 의약품보다는 호기심에서 파멸로 다가가기 가장 간단한 주제인 마약에 관한 이야기. 세 번째는 산업을 위해 시작되었지만 결국은 전쟁의 핵심이자 한 시대의 변곡점이었고, 이를 통해 가장 중요한 과학·문학·경제, 그리고 아이러니하게도 평화에 수여되는 노벨상의 시작이 된 폭탄에 관한 이야기다. 다행스럽게도 필자는 이 세 가지 주제 모두에 대해 너무나도 큰 관심이 있으며 아주 쓸데없어야만 할 이야기를 온종일도 떠들 수 있다. 마지막으로 이처럼 긴장감을 유발하는 주제들과 함께 일상에서 마주할 수 있는 주제는 역시나 술이다.

술은 화학에 더욱 각별하다. 화학의 역사에서 가장 중요한 물질을 세 가지 꼽으라면 화학의 원형인 연금술이 폭발적으로 성장할 수 있게 해준 수은, 대부분의 물질을 녹여 분리와 반응을 가능하게 만든 강산성 물질인 황산, 그리고 술의 본질인 알코올이라 할 수 있다. 과학적으로는 더욱 순도 높은 알코올을 만들기 위한, 사심으로 해석하자면 목이 타들어가는 살아 있음을 느끼게 하는 더 독한 술을 얻기 위한 증류^{distillation}는 간단하면서도 효과적인 실험 기법이기도 하다.

어릴 적에는 호기심의 대상이었고, 성인이 된 순간 청춘과 추억의 모든 순간에 함께했으며, 나이가 들어가면서야 비로소 진정한 기호식품이라는 무게를 갖게 되는 술. 술이라는 물질의 모든 부분을 화학으로 살펴보는 것은 알지 말아야 할 것을 알게 되는 불편함이 아닌 즐거움이 되리라 생각한다.

첫 잔

술을 마시는 이유

날이 좋아서
날이 좋지 않아서
날이 적당해서
―〈도깨비〉(2016)¹

드라마 〈도깨비〉가 남긴 잔잔하며 애틋한 이 문장에는 무엇을 뒤에 가져다 붙여도 절묘하다. 물론 원문에는 '모든 날이 좋았다'라는 아름다운 맺음말이 따라오지만, 나는 과감히 '술을 마신다'라는 다소 불건전한 듯싶으나 모두가 공감할 말을 잇고 싶다. 말 그대로 우리는 여러 이유로 술을 마시며, 꽤 자주 술을 마시기 위한 이유를 만들어내기도 한다. 알코올이 뇌와 신체에 미치는 단기 및 장기적인 악영향과 잠재적 위험성을 명확히 알고 있지만, 그것이 망설임 끝에 음주를 거부하도록 만드는 결정적인 이유가 되지는 않는다. 왜 우리는 자신의 영혼과 육체를 깎아내며 술을 마실까? 극단적인 표현이지만, 혹시 인간은 술을 마시도록 유전적으로 설계된 생명체인 것은 아닐까?

자연의 선물에서 인간의 발명품으로

역사 속 어느 시점에 인간이 술을 만나게 되었는지는 정확히 알 수 없다. 술이 무엇인지조차 정의되지 않았을 시기부터 시작되었을 것이며, 술과의 조우는 최초의 화려한 자극과 충격적인 다음 날 아침 후폭풍의 와중에 온전히 기록으로 남을 여지도 없었으리라. 확실한 것은 술은 우리 생각보다 더 먼 과거에 인간의 삶 속으로 들어왔으며, 당시에는 자연이 남긴 소중한 선물의 형태였다.

높은 당분을 함유한 잘 익은 과일들은 시간이 흐르며 미생물에 의해 발효된다.[2] 정확히는 효모^{yeast}가 핵심적인 당의 발효 과정을 책임진다. 효모 역시 생명체여서 살아가는 데 적절한 환경과 영양이 필요하다. 당은 효모가 가장 선호하는 먹잇감이다. 인간이 주로 섭취하는 곡물에 포함된 길고 단단한 사슬 형태의 탄수화물^{carbohydrate}보다는 포도당^{glucose}처럼 달콤한 당 분자를 선호한다. 과일을 이용해 술을 담그기 편리한 이유이자 당분이 높아 포도당이라는 물질의 발견과 명명이 이루어진 포도를 사용한 와인의 제조가 양조 역사에서 뿌리 깊은 원인이다.[3]

최초의 술은 인간보다는 과일을 즐겨온 다른 동물들이 먼저 경험했다. 지금도 농익어 땅에 떨어진 과일을 먹고 술에 취해 해롱거리는 모습을 종종 보이는 것으로 유명한 원숭이가 시작이었다. 이는 '술 취한 원숭이 가설'이라는 형태로 인간이 술을 만난 연원을 해석하는 한 방향으로 이야기되고 있다. 그 모습을 본 우리의 선조는 궁금증에 혹은 거부할 수 없을 만큼 코를 찌르는 강렬한 향긋함에 이끌려 발효된 과일을 집어 들어 입에 가져갔을 것이며, 인류 최초의 취객과 숙취가 등장한다.

사실 생명체가 술에 취한 모습은 희귀한 장면이 아니다. 카리브해 지역의 원숭이는 물론이고, 아프리카에서는 발효된 마룰라(Marula, *Sclerocarya birrea*) 열매를 먹고 코끼리나 영양이 취하는 사례가 흔히 알려져 있다. 동물의 과음으로 발생한 사고도 빼놓을 수 없다. 1985년 인도에서는 150여 마리의 코끼리가 밀주 공장을 습격해 대량의 술을 약탈해 들이켠 일이 있었다. 뒤에 소개할 술의 절묘한 화학적 효과로 인해 감정을 주체하지 못하게 된 코끼리들은 취한 채 인근 마을을 습격했고, 7채의 건물 파괴와 10여 명의 부상, 5명의 사망자를 만들어내기까지 했다. 코끼리를 실제로 본 경험이 있다면 전차와 다름없는 육중하고 거대한 모습을 떠올릴 수 있을 것이다. 이들을 날뛰게 만들기 위해서는 어마어마한 양의 술이 필요했겠지만, 여하튼 거대한 생명체의 판단과 감각마저 손바닥 뒤집듯 바꾼 술의 마력이 인상 깊다. 그 외에도 생존을 위해 술에 대한 저항성이 강해진 초파리나 과일박쥐 등의 이야기도 흥미롭다.

인간과 술의 첫 접촉은 자연이 빚어낸 술과의 우연한 만남 혹은 흥미로운 동물의 반응이 이끄는 인간 본연의 호기심을 바탕으로 한 필연적인 사건이었을지 모르지만, 중요한 것은 학습 능력을 장점으로 삼은 인간은 결국 술을 만들어내는 데 성공했다는 점이다. 술 빚기가 아주 어려운 일은 아니다. 물론 품질 좋은 술을 만들어내는 것은 전문적인 지식과 섬세한 조합, 엄격한 관리와 요령이 수반되는 예술적인 작업이지만, 단순히 마시고 취할 수 있는 에탄올의 생합성은 간단하다. 당분을 함유한 재료, 적절한 수분과 온도, 효모와 더불어 밀폐된 환경이 전부다.

당을 함유한 재료는 자연에서 흔히 구할 수 있는데, 대표적인 것이 벌꿀과 과일이다. 꿀벌의 노력으로 다양한 당 분자들은 효소[enzyme] 반응을 통해 포도당과 과당[fructose]이라는 작고 간결한 고리 형태의 당으로 바뀌어 바로 사용할 수 있으며, 과일

또한 마찬가지다. 효모를 구하기가 어렵다고 생각할 수 있지만 미생물은 어디에나 있다. 인위적으로 미생물을 채취해 넣어주면 더 빠르고 효율적이겠지만, 작고 가벼운 야생 효모는 바람을 타고 지금도 여기저기 떠돌고 있으며 우리가 특별히 노력하지 않아도 적은 양의 효모가 자연스럽게 유입되어 천천히 술을 빚는다.

오히려 핵심은 재료를 그릇에 담아 산소의 유입을 막아야 술이 빚어진다는 부분이다. 생명체가 물질을 분해해 에너지를 얻는 과정 대부분은 산소와의 반응을 통한 물질대사^{metabolism}에 해당한다. 효모도 산소가 풍부한 환경에서는 호기성 대사를 통해 당 분자를 에탄올^{CH_3CH_2OH}이 아닌 물^{H_2O}과 이산화 탄소^{CO_2}로 분해한다. 술을 기대하는 우리에게는 전혀 원치 않는 결과이며, 화학 반응에서는 이같이 본래 의도를 벗어난 반응을 단호히 부반응$^{side\ reaction}$이라 부른다. 산소가 없는 환경에서 효모는 혐기성 발효를 일으켜 에탄올과 이산화 탄소를 만들기 시작한다. 혐기성 발효 조건에서는 부패를 일으키거나 알코올을 산화시켜 식초(아세트산)로 바꾸는 산소 의존성 미생물의 증식과 활성도 막아준다. 개봉 후 산소가 유입되기 시작한 와인이나 막걸리 등이 며칠 후 시큼하게 변하는 원인이 바로 에탄올의 산화 반응이다.

결국 인간이 본격적인 술을 빚을 수 있게 된 것은 웬만한 수준의 밀폐가 가능한 토기와 뚜껑 제작이 가능해진 이후라 할 수 있다. 역사적으로 거슬러 올라간다면 기원전 4000년경 메소포타미아에서 맥주의 제조법과 음주에 관한 내용이 설형문자로 기록되어 체계적으로 인간이 술을 소비한 가장 명확한 증거라 이야기된다.[4] 맥주와 양조의 수호 여신이라는 닌카시Ninkasi를 기리는 수메르의 시詩에 보리빵을 사용한 맥주 제조법이 담겨 있을 정도다.[5] 심지어 조지아에서는 기원전 6000년경의 와인 흔적이 발견되어 가장 오래된 와인으로 거론되었고, 중국 허난성河南省의 도자기 유물에서 발견된 꿀과 쌀, 과일의 발효 흔적은 기원전 7000년경의 것으로 추정된다.

술과의 만남에서부터 인류 문명으로 편입되기까지의 과정은 흥미롭다. 여기서 더 충격적인 가설이 등장한다. 기원전 9675년, 즉 지금으로부터 약 1만 1,700년 전에 세워진 세계에서 가장 오래된 인공 구조물인 괴베클리 테페Göbekli Tepe에서 발견된 흔적이 농경의 목적이 양조에 있었으리라는 추측을 뒷받침하기 때문이다.

술이 만들어온 역사

수렵과 유랑 생활을 이어오던 과거의 인류는 농경을 발명하며 적합한 기후와 환경이 조성된 지역에서 정착 생활을 시작한다. 자연스럽게 필요한 양보다 많이 생산된 농산품은 저장을 통해 문명 성장의 발판이 된다. 여기까지가 우리가 학교에서 배우고 상식적인 순서로 생각할 수 있는 자원과 문명의 흐름이지만, 괴베클리 테페에서의 발견은 다른 주장을 펼친다.[6]

괴베클리 테페에서는 물 165L 정도가 담길 만한 대형 돌그릇이 몇 개 발굴되었다. 단순히 물을 담아두는 그릇이라 볼 수도 있겠지만, 돌그릇 표면의 화학 성분을 분석해보니 양조에서 발생하는 물질의 흔적이 드러났다. 보리에는 옥살산$^{oxalic\ acid}$이 풍부한데, 물과 섞이고 발효 및 양조 과정을 거치며 칼슘^{Ca}과 결합해 옥살산 칼슘^{CaC_2O_4}이라는 침전물을 만든다. 물에 녹지 않고 덩어리져 그릇의 벽면이나 바닥에서 발견되기 때문에 '맥주의 돌^{beerstone}'이라 불리는 물질이다. 최근의 이 발견을 둘러싸고 당시 사람들이 단지 보리와 물을 섞어 먹길 좋아했을 것이라는 추측과 함께 맥주를 빚어 함께 나눠 먹는 연회 공간과 용품이 있었다는 주장이 대립하고 있다. 확실한 점은 맥주의 탄생이 농경 문화에 앞섰다는 것이다. 신전에서 제사를 위해 만들어지는 신성한 음료였을 것이라는 해석도 흥미롭지만, 저장된 초과 자원을 활용해 술을 빚은 게 아니라 술을 빚기 위해 농경이 널리 퍼졌다는 해석은 많은 생각이 들게 한다.

역사 속 술의 탄생 과정만큼이나 술이 인간의 문명과 역사의 흐름을 만들어온 순간들도 재미있다. 멀리 가지 않아도 영화 속에서는 언제나 거대한 계획이 세워지는 결의나 음모의 순간에 술이 함께 그려진다. 다른 사람의 눈과 귀가 닿기 어려운 밀폐되고 구석진 곳에서 은은한 주황빛의 할로젠등 아래 모여 계획을 세우는 모습이나, 상다리가 부러지도록 차려진 술상을 앞에 두고 밀실에서 불법적인 논의가 이루어지는 영화 속 장면에도 언제나 술은 분위기이자 도화선이며 과정이자 결과로 등장한다. 기밀한 논의라면 말끔한 맨정신으로 사람 하나 찾지 않는, 어디 지리산 골짜기나 외딴섬에서 논의하면 안 되는 걸까? 영화적 장치라 치부하기에는 평범한 우리도 모두 나름의 중요한 논의나 대화를 술자리에서 혹은 술을 곁들이며 나누곤 한다.

근대 과학과 문화의 발전 과정에서 살롱과 커피하우스 혹은 카페는 중요한 공간으로 등장한다. 정치 및 사회 문제에 대한 자유로운 논의뿐만 아니라 일종의 공론장으로도 작용했다. 과학자들은 카페에서 서로의 연구 결과를 이야기하며 발전시켰다. 커피하우스는 영국 왕립학회Royal Society의 초기 회합 장소로도 유명한 만큼 음료와 함께 대화를 나눌 수 있는 공간의 의미는 중요했다. 17세기 유럽에 유입된 커피는 술과 대비되는 맑은 정신과 생산성으로 이해되는 각성 효과가 있다. 커피와 술의 관계에 대한 명확한 비교를 뒤로 미뤄둔다 해도 취한 상태보다는 각성 상태가 대부분의 작업에서 효율적임을 짐작할 수 있을 것이다. 하지만 더 이전의 과학, 그것도 모든 과학과 학문의 뿌리라 할 수 있을 철학의 시대에는 달랐다.

 과학자 혹은 연구자로서 연구 결과의 공유와 논의, 토론이 이루어지는 시간과 공간은 크게 세미나, 심포지엄, 포럼, 콘퍼런스로 구분할 수 있다. 매주 실험실에서 이루어지기도 하는 세미나는 교육 목적을 갖는 회의를 뜻한다. 전문가들의 회의뿐만 아니라 학생을 포함해 새로운 지식을 얻기 위해서도 이루어진다. 포럼은 일종의 공개 토론회로서 청중에게도 발언 기회가 많이 주어지는 자리다. 흔히 학회라 불리기도 하는 콘퍼런스는 조금 더 공식적인 회의로, 일정에 맞춰 전시회나 크고 작은 이벤트가 포함된 정기적인 행사를 뜻한다. 화학계에서는 봄과 가을에 각각 한 차례씩 이루어지는 '정기 학술대회'가 여기 해당한다. 모두 의미 있는 행사지만, 우리의 이야기에서 주목할 것은 심포지엄이다.

 요즘의 콘퍼런스는 내부적으로 구성된 다수의 심포지엄으로 운영된다. 필자의 활동을 기준으로 한다면 '생체재료 최신 연구 동향'이나 '광전기 기능성 나노소재'와 같은 구체적인 공통 주제를 정해 관련 연구자들이 한 공간에 모여 발표를 듣고 질문이나 제안을 나누는 방식이다. 이러한 심포지엄에 빠질 수 없는 것은 술이다. 물론 공적인 업무와 네트워킹을 위한 사교 자리가 구분되는 현재는 발표 도중 와인을 마신다거나 다른 연구자의 열정적인 발표를 들으며 맥주잔을 부딪치는 일은 상상하기 어렵다(물론 행동에 옮기고 싶다는 상상은 항상 한다).

  하지만 진정한 심포지엄에는 술이 필요하다. 심포지엄의 유래이자 어원이 된 고대 그리스어 'συμπόσιον(sympósion)'은 '함께 마시는 것'을 의미하기 때문이다. 심포지엄은 날을 정해 한 집에 모인 철학자와 시인 그리고 그들의 다양한 지인들이 주최자의 제안에 맞춰 식사$^{δεῖπνον(deípnon)}$ 이후 술을 마시며 본격적인 담론을 나누고 오락을 즐기는 방식으로 진행된다. 주최자가 주제 하나를 던지면 이에 대해 순서대로 돌아가며 자신의 의견이나 이야기를 충분히 긴 시간을 들여 발표한다. 철학적이고 정치적인 주제일 수도 있으며 행복이나 즐거움 등에 대한 추상적인 이야기도 포함된다. 예시로 '넓은 어깨'라는 의미의 별명 플라톤^{Plato}으로 불린 위대한 철학자의 대화편《향연$_{Συμπόσιον}$》에서는 사랑^{Eros}을 주제로 여러 참여자가 이야기를 나눈다. 이야기를 나누기 위해 적당한 취기를 유지하고 와인을 물과 섞어 나눠 마신다. 심포지엄에서 절대 술에 취하지 않는 강한 정신력과 엄청난 주량의 철학자가 소크라테스였다는 재미있는 일화도 있다.

결국 술을 마시는 것은 철학적이거나 과학적인 토론부터 비밀스러운 논의와 음모의 발생을 포함해 모든 상황에서 무의식적인 자신의 본성이나 의견에 대한 자제와 억누름을 풀어놓고 서로 솔직한 모습을 공유하기 위함이었을 것이다. 술은 '진실의 물약truth serum'이며 취중진담醉中眞談이라는 표현은 정확하다. 단순히 경험적인 이야기가 아닌, 화학적으로 근거가 있는 유서 깊은 반응인 셈이다.

술을 마시기 위한 생명체

왜 인간은 술을 마시게 되었을까? 사실 술뿐만 아니라 도대체 왜 먹게 된 것일지 쉽사리 짐작하기 어려운 재료는 많다. 예를 들어 복어나 버섯이 대표적이다. 가장 위험한 생물독을 꼽으면 반드시 세 손가락 안에 드는 테트로도톡신tetrodotoxin은 이름에서부터 복어의 독을 뜻한다. 그리스어로 4개를 의미하는 'τετρα(tetra)'와 치아를 뜻하는 'ὀδούς(odous)'의 결합은 복어tetrodon라는 단어를 만든다. 4개뿐인 앞니로 단단한 어패류의 껍질을 깨뜨려 먹는 모습이 인상적이었기 때문일 것이다. 독소toxin라는 표현과 연결된 테트로도톡신이라는 이름을 미루어

짐작하면, 인간이 복어를 발견한 시점부터 사람을 죽음에 이르게 하는 위험한 독을 가진 생명체라는 사실을 알았던 게 자명하다.[7] 아마 수많은 우리의 선조가 복어를 먹고 목숨을 잃었을 것이며, 그 모습을 지켜보면서도 도전이 계속되어 끝없는 희생 위에 복어 조리법이 탄생했다(물론 우리의 직접적인 선조는 복어 독을 먹고 죽지 않은 생존자일 테니, 무모한 조상보다는 성공한 조상을 둔 승리자의 후예라 자축하자).

나는 버섯을 먹는 데 성공한 조상도 존경한다. 지금도 산행 중에 발견한 버섯을 식용으로 잘못 추정해서 채취해 먹다가 사고를 겪는 일은 흔하다. 오늘날에도 독버섯 판별은 전문가에게도 쉽지 않은 일이니 섣불리 도전하지 말라는 경고가 이어질 정도이니, 그 옛날 축축하고 그늘진 곳에서 자라나는 동물도 식물도 아닌 이 생명체를 반복적으로 먹으려 도전한 사람들은 칭송받아 마땅하다.

복어나 버섯이 우여곡절 끝에 식재료가 될 수 있었던 결정적 원인은 좋은 맛일 것이다. 복어에 비견될 정도로 강력한 독을 가지고 있으며, 역시나 그리스어로 개구리$^{βάτραχος(bátrakhos)}$ 독이라는 뜻으로 직결되는 독화살개구리의 바트라코톡신^{batrachotoxin}의 사례를 살펴보면 알 수 있다. 흔히 영화에 등장하는 바람총^{blowgun}의 화살촉을 독화살개구리 피부에 문질러 만드는 것만 봐도 살상에 매우 효과적임을 알 수 있다. 하지만 독화살개구리를 즐겨 먹게 되었다는 이야기는 들어본 적 없다. 아마도 맛이 없어서 무리한 도전을 이어갈 필요가 없었기 때문이 아닐까? 역사 속에는 결국 불쾌감을 극복해낸 맛의 승리와 관련된 이야기가 수없이 많다. 어부들이 왜구의 노략질을 피해 머나먼 바닷길을 건너는 동안 삭아버린 홍어를 먹어보고 매료되어 지금도 일부러 삭혀 먹는 풍습이나, 얼핏 보면 상상 속 외계 생명체와 다를 바 없는 문어나 해삼, 멍게, 미더덕 등을 굳이 먹게 된 현실이 그렇다.

술은 어떨까? 달콤하게 잘 익은 과일이 발효되어 만들어진 술과의 첫 만남은 아름다웠을 것이다. 가장 명확하게 물체를 분간할 수 있는 감각은 시각이라지만, 색상에 대한 다채로운 인식은 문명과 언어가 발달하면서 함께 발전한 것으로 알려졌다. 처음에는 단순히 밝음과 어두움의 흑백 구분, 녹색과 붉은색의 분간이 유일한 기능이었으며, 노란색이나 파란색은 더 많은 시간이 지난 후에나 의미를 갖기 시작했다.[8] 그와 달리 후각은 우리 생각보다 더 예민하다.

발효된 과일의 달콤한 향과 뒤섞인 알코올 향은 아주 매력적인 유혹이다. 달콤한 향은 그 자체로 당분이 풍부하게 함유됐음을 뜻한다. 당은 식물의 잎이나 줄기 등 섬유질에 비해 훨

씬 많은 열량을 가져 인간의 생존에 유리하다. 뇌의 활동부터 영양소의 대사까지 인간은 물론이고 세균 등 미생물조차 당분을 사용한다. 이와 달리 덜 익은 과일이나 독소, 부패한 식품은 쓴맛을 갖는 경우가 많다. 단 것을 좋아하고 쓴 것을 꺼리는 당연한 반응은 오랜 시간을 들여 생존을 위해 진화한 결과다.[9] 간혹 너무 단 음식에서 불편함을 느끼고 오히려 씁쓸하거나 밋밋한 음식을 즐기는 사람도 있지만 후천적으로 만들어진 취향일 뿐이다. 아직 사회적·경험적 정보가 받아들여지지 않은 어린아이들을 살펴보면 달콤한 식품을 맛보면 깜짝 놀랄 정도로 커지는 눈과 행복한 흥분을 관찰할 수 있으며, 쓴맛의 약은 삼키지 못하고 구역질이나 구토 반응이 곧바로 일어나는 것을 볼 수 있다.

   발효된 과일은 명백히 달콤하며 안전하다. 알코올이 소독에도 사용되는 물질인 것처럼 발효된 과일은 더 오래 안전하게 보관될 수 있으며, 향과 맛은 인간과 동물 모두에게 매력적이었을 것이다. 인간과 가까운 영장류 조상들은 자연 발효된 과일을 먹으며 계속 알코올에 노출되었고, 이는 인간이 술을 마시는 생물로 진화하도록 이끌었다.

   체내에 들어간 알코올은 화학적 작용을 통해 분해된다. 먼저 알코올에서 수소가 떨어져 나가며 알데하이드^{aldehyde}라는 구분의 중간 생성물로 바뀌는데, 빠른 처리를 위해 알코올 탈수소효소$^{\text{alcohol dehydrogenase, ADH}}$라는 효소가 작용한다. 특히 ADH4 효소는 1,000만 년 전부터 열대 지역에서 과일을 섭취하던 영장류 조상이 선택적으로 진화시켜 독성을 줄일 수 있도록 만든 것으로 생각된다.

심지어 알코올은 당보다 열량이 높다. 1g당 약 7kcal로, 1g당 4kcal인 탄수화물이나 단백질보다 높아 우수한 에너지원으로 작용한다. 발효된 과일 속 알코올은 인간이 자연에서 손쉽게 섭취할 수 있는 아주 훌륭한 에너지원이었을 것이며, 자연스레 알코올에 민감한 후각으로 멀리에서부터 찾아갈 수 있는 능력을 갖게 된다.

발효는 병원성 미생물의 발생을 억제해 안전한 음료를 얻을 수 있는 대안이 되기도 했으며, 발효 과정에서 생성되는 비타민과 필수 아미노산의 공급원이기도 했다.

이제는 식품과 열량의 확보가 간단히 이루어지는 풍족한 시대지만, 과거에는 알코올이 곧 생존을 위한 선물과도 같았다. 1,000만 년 이상의 시간 동안 알코올을 갈구하도록 진화한 우리의 유전자는 특별한 일 없이도 술을 찾고 그 매력에 빠져들도록 만들었다. 물론 무분별하고 지나친 음주는 누구에게도 이득 없는 파괴적인 행위겠지만, 적어도 술을 좋아하고 즐기는 것은 유전자에 각인된 오랜 역사이자 우리에게 주어진 필연적인 선택지라 주장해도 나름의 논리가 서지 않을까.

첫 잔은 술을 찾아낸 위대한 선조에게 건배!

두 번째 잔

술은 생명의 물이다

신은 물을 만들었지만,
인간은 와인을 만들었다.

―빅토르 위고 Victor Hugo

막연한 설렘과 기대로 가득한 학생 시절의 소개팅과는 달리, 세상일에 정신을 빼앗겨 판단을 흐리는 일이 없어진다는 불혹不惑 무렵의 만남은 가끔 번거롭기도 하다. 반가운 친구를 만났는데도 함께 식사 후 커피를 한 잔 나누며 (대부분은 경제 정세나 개인의 투자와 손실에 대한 한탄이지만) 시시콜콜한 이야기를 주고받는다. 특별히 바쁘지 않다면 술자리를 이어갈 수도 있다.

재미있게도 주점 문을 열고 들어가는 순간 이제까지의 권태로움은 온데간데없고 기억 속 학창 시절로 돌아간 듯 즐겁고 힘이 샘솟는다. 소득이 늘어난 만큼 학생 때보다는 값비싸고 맛있는 안주를 선택할 수 있다. 하지만 으레 다이어트를 응원하는 격언처럼 '어차피 먹어봐야 이미 다 아는 맛'이어서인지, "뭐 먹을까?"라는 질문을 계속해서 주고받으며 메뉴를 정하는 것은 피곤하다. 술 역시 어느 주점에서나 비슷한 종류의 기성품을 판매하는 만큼 딱히 차별성은 없다. 그런데 왜 안주와 달리 오늘 저녁 마실 주종을 고르는 순간은 그리도 설레며, 전문가가 된 것처럼 모든 지식과 경험을 끄집어내 심사숙고하게 될까?

에탄올, 술의 영혼

모든 술은 에탄올ethanol을 함유한다는 공통점에서 시작해보자. 에탄올은 효모에 의해 당분이 발효하면서 만들어진다. 포도당으로 대표되는 당은 6개의 탄소로 이루어진 화학 분자다. 탄소들은 화학 결합chemical bonding이라는 형태로 연결되어 저마다의 구조와 기능을 만드는데, 결합이 끊어지는 순간 거대한 에너지가 발생한다. 단순히 생각한다면 단단한 결합을 부수기 위해 많은 힘을 들여야 해서 오히려 에너지가 손실될 듯싶지만, 화학 결합은 고무줄이라 생각하는 것이 적절하다. 고무줄을 자르는 에너지보다 탄성과 복원력에서 방출되는 에너지가 더 크다. 고무줄을 손으로 억지로 당겨 끊어내기는 어렵다. 칼이나 가위처럼 고무줄을 자르기 적당한 날카로운 도구가 있다면 손쉽게 자를 수 있다. 쉽게 일어나지 않는 화학 반응을 생명체 내에서 빠르게 달성하는 화학적으로 날카로운 도구를 효소라 부르며, 당과 단백질, 지질의 대사부터 생체 반응의 조절 모든 곳에 작용한다.

6개 탄소를 연결해 당 분자를 이루는 화학적 고무줄은 효모 속 효소에 의해 군데군데 끊어지며 2개씩의 탄소 조각으로 나뉘는데, 그 결과물이 바로 2개의 탄소와 6개의 수소와 1개의 산소로 이루어진 에탄올이다. 어찌 생각하면 에탄올은 효모가 먹고 생존하고 번식한 후 남겨진 배설물인 셈이다. 하지만 그보다 신기한 것은 휘발유(C_7~C_8)나 경유(C_{12}~C_{20})에 비해 보잘것없이 적은 단 2개의 탄소만으로 이루어진 에탄올이 인간에게서 끌어내는 거대한 변화와 반응이다.

술은 종류에 따라 에탄올 함량이 다양하다. 정식 명칭은 부피 대비 알코올 비율을 의미하는 ABV$^{\text{alcohol by volume}}$지만, 보편적으로 '도수'라 부르며 '%'를 단위로 사용한다. 백분율이 적용된 만큼 최소 0%에서 최대 100% 범위의 에탄올을 함유한 술이 이론상 존재할 수 있다.

0%의 도수라면 에탄올이 전혀 함유되지 않은 음료다. 판매

되는 제품들의 성분표를 살펴보면 비알코올non-alcoholic과 무알코올alcohol-free이라는 두 가지 형태가 발견된다. 이름이 다르듯 두 기준은 완전히 다른데, 우리가 생각하는 알코올이 전혀 없는 제품은 무알코올이라 표기된 경우다. 비알코올 또는 논알코올은 '알코올 식품이 아니다'라는 의미일 뿐이지, 알코올이 전혀 들어 있지 않다는 뜻은 아니다. 국가마다 기준이 다르며, 우리나라는 알코올 함량이 1% 미만이면 비알코올로 구분한다. 네덜란드는 0.1%를 기준으로 정했으며, 노르웨이는 0.7%를, 프랑스나 이탈리아는 우리보다 높은 1.2%를, 핀란드는 가장 높은 2.8% 미만을 비알코올로 본다.

결국 비알코올 제품이라도 알코올이 포함된다. 그렇다면 비알코올 맥주라 안심하고 마셨는데 예상치 못하게 음주 운전 단속에 적발되는 일도 발생할 수 있을까? 이론적으로 계산한다면 어려운 일이다. 국내에서는 혈중알코올농도 0.03% 이상을 음주 운전으로 구분하는데, 섭취된 알코올의 흡수율과 여러 요인을 고려해 비트마르크 공식Widmark formula으로 충분히 계산할 수 있다.[1]

$$C = \left(\frac{0.7A}{10PR} \right) - \beta t$$

혈중알코올농도^{C}는 섭취 알코올 양^A, 보편적인 알코올의 체내 흡수율$^{0.7}$을 체중^{P}과 성별 계수^R(남성의 경우 0.86, 여성의 경우 0.64 적용)와 함께 고려해 계산되는 인체 유입량을 대사와 배출로 인한 시간당 감소량$^\beta$과 소요 시간^{t}의 곱을 함께 고려해 간단히 계산할 수 있다. 설명은 복잡한 듯싶지만, 들어간 알코올과 나가는 알코올 양의 차이를 구하는 셈이다. 현실적인 상황을 가정해보자. 만약 체중 70kg의 남성이 2시간 동안 0.03% 에탄올이 함유되었다는 비알코올 하이네켄 캔맥주 330mL를 마셨을 때 음주 운전으로 적발되는 데 필요한 섭취량은 무려 385캔이다. 이미 불가능해 보이지만 그래도 도전하고자 한다면 분당 3.2캔의 맥주를 쉬지 않고 2시간 동안 마실 수 있는 능력이 필요하다.

사람에 따라 특정한 음식이나 대상에 체질적으로 알레르기 (면역 반응)가 일어나는 경우가 있다. 견과류나 갑각류 등을 섭취했다가 심하면 호흡 곤란이나 사망에 이르기도 하는 만큼 면역 반응 문제는 치명적이다. 하지만 비알코올이나 무알코올이 등장한 것은 술에 알레르기가 있는 사람을 위해서가 아니다. 술을 마시면 두드러기나 가려움, 부종이 발생하는 경우 흔치 않은 에탄올 알레르기로 여겨지지만, 단순히 술에 빨리 취하거나 얼굴이 붉어지고 신체 기능이 저하되는 경우는 과민

증이나 민감성으로 구분된다. 결국 비알코올과 무알코올은 술에 약하지만 함께 즐기고 싶은 사람들, 또는 일정이나 건강상 음주가 어렵지만 추억은 공유하고 싶은 사람들을 위한 대안이다. 무알코올인데 술을 의미하는 '주^{酒}'를 붙이는 것이 논리적으로 잘못된 것이 아닐까 싶긴 하지만, 음주의 큰 목적 중 하나가 교감과 공유인 만큼 기발한 발명으로 볼 수도 있다.

시중에 판매되는 주류의 도수가 점차 낮아지는 것은 최대한 많은 사람이 부담 없이 음주를 즐기기 위한 사회적인 흐름일 수 있다. 음주가 자해가 아닌 즐거움이 되려면 무리하지 않는 선에서 안전하게 즐겨야만 하는데, 알코올 민감성이 있어 고민되는 사람들을 위한 이야기를 커피에서 다시 한번 불러올 수 있다.

알코올보다 접하기 쉽고 곳곳에 숨어 있는 화학물질은 카페인^{caffeine}이다. 술의 영혼이 에탄올이라면 커피의 영혼은 카페인이며, 각성 효과를 위해 커피를 마시기 시작했던 역사를 생각한다면 커피를 마셔서 잠이 오지 않는 상황은 최종적인 결과로 올바른 것일지도 모른다. 하지만 바쁘게 돌아가는 삶 속에서 카페인 복용으로 인해 밤에 잠들지 못하는 것은 각성보다 더 큰 후유증을 남긴다. 스스로를 카페인 민감증이라 단정해 육체적인 반응 이상으로 심리적인 영향에 좌우되는 경우도 많다. 구분하는 방법은 간단하다. 만약 식사나 휴식 시간에 탄산음료를 부담 없이 즐기는 사람이라면, 또는 야식과 콜라를 먹고 휴식 후 잠들곤 하는 사람이라면 카페인 민감증이 아닌 심리적인 강박증이기 쉽다. 콜라 한 캔에는 커피 반 잔 정도에 해당하는 카페인이 함유되어 있으며, 심지어 혈당이나 체중 조절을 위한 제로 및 다이어트 콜라에는 일반 콜라보다 약 40%나 더 많은 카페인이 함유되어 있다. 탄산음료에 영향받지 않는다면 카페인에 대한 심리적인 강박을 다소 내려놓아도 괜찮으며, 콜라를 마시고 잠들지 못하는 사람이라면 앞으로 카페인을 더 조심하는 게 좋다.

  에탄올의 시작이 과일의 발효였던 것처럼 대부분의 천연 과일에는 에탄올이 함유되어 있다. 특히 바나나, 배, 사과, 포도 등의 과일은 달콤하게 완숙되었을 때 비알코올 맥주보다 높은 약 0.05%의 에탄올이 포함되어 있다. 이러한 과일을 섭취한 후 약간의 어지러움이나 들뜬 기분이 들고 간혹 메스꺼움을 느낀다면 알코올 민감성으로 더욱 주의해야 한다. 하지만 과일은 얼마든지 즐겁게 먹을 수 있었다면, 축하한다. 독하지 않은 술 한두 잔의 맛과 향을 즐기며 우리의 이야기를 이어가면 되겠다.

에탄올, 생명의 물

주종에 따라 알코올 도수는 천차만별이다. 퇴근 후 편하게 즐기는 맥주는 5% 내외의 비교적 가벼운 조성이며, 와인은 예상외로 독한 13% 정도의 에탄올을 함유한다. 맥주와 와인을 통해 원료와 효모 차이에서 생겨나는 결과를 알 수 있다. 맥주는 보리, 밀, 옥수수 등 다양한 곡물의 발효로 만들어진다. 곡물은 꼭꼭 씹으면 은은한 단맛을 느낄 수 있지만 그 자체로 과일만큼 화려한 단맛을 뿜내진 못한다. 당 분자들이 사슬 형태로 길게 연결된 고분자 물질인 녹말starch은 수용성이 낮고 미생물의 먹이로 효율이 낮다. 우리의 침에 함유된 아밀레이스amylase는 녹말의 다당 구조를 끊어 단당인 포도당으로 바꾸기 때문에 오래 씹을수록 단맛이 강해진다.

맥주를 만드는 곡물에는 발효에 사용할 수 있는 당이 적기 때문에 4~6% 농도의 에탄올까지 합성할 수 있다. 아주 독한 맥주가 보이지 않는 이유는 평범한 맥주 효모는 6% 이상의 에탄올에서는 생존하지 못하기 때문이다. 아마도 와인을 만드는 효모는 맥주 효모와는 다를 것을 직감할 수 있겠다. 와인의 재료인 포도는 당분이 풍부해 많은 양의 에탄올을 만들 수 있으며, 와인을 만드는 효모는 이를 위해 진화해서 높게는 18%의 에탄올에서도 생존할 수 있다. 미생물은 산소와 닿으면 죽는 혐기성 세균도 있지만 오히려 산소를 좋아하는 호기성 세균도 있고, 화산지대나 깊은 바닷속의 심해열수구 인근 80℃ 이상 고온에서 버티는 초호열성hyperthermophile, 0℃ 인근 저온에서 살아가는 호냉성psychrophile, 고염도를 선호하는 호염성halophile뿐만 아니라 심지어 독성 원소인 비소As 환경, 고압, 건조 환경, 산성과 알칼리성 환경에 적응 진화한 종류도 많다.[2] 미생물인 효모가 생존할 수 있는 알코올 조건이 다양한 것도 전혀 이상한 일이 아니다.

곡물이나 과일은 당분 외에도 다양한 화학 분자가 뒤섞여 있다. 커피 열매 속 씨앗을 모아 고온에서 볶은 후 갈아서 성분을 추출한 커피만 해도 무려 1,000종류에 달하는 화학물질의 조합이니, 보리나 쌀, 포도도 품종에 따라 서로 다른 종류와 비율의 물질로 복잡하게 구성된다. 효모는 주로 당을 발효시키지만, 다른 물질도 효모에 의해 고유한 향과 맛의 물질로 바뀌어 술마다 다른 종류와 특징이 된다. 벨기에 브뤼셀에서 만들어지는 람빅Lambic 맥주는 지역의 자연 효모를 이용해 특유의 시큼한 뒷맛을 갖게 된다.[3] 임페리얼 스타우트와 같은 8% 이상의 흑맥주는 어떻게 만들 수 있을까? 의외로 간단하다. 높은 당도의 포도가 독한 술이 되듯 인위적으로 꿀이나 설탕이나 사탕무 당밀molasses 같은 효모의 먹이를 추가로 혼합하면 자연스레 독한 맥주가 탄생한다. 첨가된 당분의 성질에서 얻어지는 독특한 풍미도 무시할 수 없다. 하지만 에탄올은 결국 효모가 살아가며 만들어낸 배설물일 뿐이다. 인간이 스스로 내뱉는 이산화 탄소나 배설물 속에서 살아갈 수 없듯, 효모도 자신이 만들어낸 에탄올이 견딜 수 없는 농도까지 높아지면 결국 사멸한다.

  수분조차 포함되지 않은 완벽히 순수한 에탄올은 100% 도수의 술로 볼 수 있다. 유일한 문제는 주사를 맞을 때 소독솜에서 풍겨오는 맵싸한 화학적 향 외에는 그 어떠한 화려하고 달콤한 향도 맛도 없는 만큼 이걸 술이라 부르는 것이 민망해진다는 것 정도다. 그런데도 인간은 오랜 연금술의 역사 속에서 완벽한 에탄올을 만들기 위해 노력해왔다. 그리하여 찾아낸 가장 편리한 방법은 술을 끓여 물과 에탄올을 분리하는 것이다.

  두 종류 이상의 순수한 물질이 뒤섞인 상태를 혼합물이라 한다. 모래와 철 가루의 혼합물은 자석을 이용해 간단히 분리할 수 있고, 모래와 섞인 설탕은 물에 녹인 후 걸러 증발시키는 방식으로 분리한다. 물과 에탄올은 모두 액체 상태의 물질이어서 자석이나 거름망으로는 어렵지만, 맹렬히 기체로 바뀌는 온도인 끓는점이라는 고유한 성질을 통해 분리된다. 물이

100℃에서 끓어 수증기로 바뀌는 현상은 1기압에서의 조건으로, 같은 압력에서 에탄올은 훨씬 낮은 78.37℃에서 끓기 시작한다. 물과 에탄올의 혼합물, 즉 술을 가열해 끓여보자. 끓는점이 더 낮은 에탄올이 먼저 기체로 바뀌기 시작하는데, 이때 가해지는 열은 물질의 상태를 변화시키는 데 모두 활용되어 온도가 유지된다. 기화한 에탄올만 따로 차갑게 식혀서 다시 액체로 바꾸면 더 높은 도수의 술을 향해 한 발짝 다가간 셈이다.

증류라 부르는 이 과정은 맥주나 와인, 탁주와 같은 발효주를 재료로 삼아 더 높은 도수의 증류주로 바꾸는 데 적용된다. 맥주와 위스키 모두 같은 맥아를 원료로 만들어지지만, 발효주인 맥주와 달리 증류로 얻어진 70% 정도의 원액을 오크통[oak cask]에 담아 숙성시킨 술을 위스키라 부른다.[4] 마찬가지로 포도를 발효시킨 술이 와인이며, 이를 증류하면 브랜디 혹은 생산 지역에 따라 코냑으로 불리고,[5] 쌀을 발효시킨 탁주를 증류한 것이 우리가 가장 쉽게 접할 수 있는 소주다.

도수가 가장 낮은 0%로 술 아닌 술인 무알코올 주류가 존재하듯, 도수가 가장 높은 100% 에탄올은 술이라 부르기는 애매하지만 반대쪽 극단을 차지한다. 그렇다면 우리가 술이라 구분할 수 있을 만한 음료는 어디까지 독해질 수 있을까?

단순히 증류하면 100%에 한없이 가까워질 수 있을 듯하지만 실제로는 한계가 있다. 왠지 아쉬움이 남는 95.6%다. 증류를 반복하면서 에탄올의 비율이 높아져 조금씩 술이 독해지던 중, 에탄올이 95.6%, 물이 4.4%가 되면 물과 에탄올이 갑자기 더 낮은 끓는 점인 78.1℃에서 함께 끓기 시작한다. 이러한 상태를 더는 분리가 이루어지지 않는 '함께 끓음 혼합물^{azeotrope}'이라 한다.[6] 비록 안전 문제로 우리나라에는 수입되지 않지만 시판되는 가장 독한 술이라는 스피리투스^{Spirytus}가 96%인 필연적인 이유가 여기 있다. 물론 흡습제를 잠시 넣어 약간이라도 물과 에탄올 비율의 평형을 깨뜨린다면 함께 끓음 혼합물의 장벽을 넘어 증류만으로 100% 에탄올까지 도달할 수 있겠지만, 술에 관해 이야기하는 우리에게 순수한 에탄올은 오히려 의미가 사라지니 마셔볼 수 있는 가장 독한 술을 96%라 끝맺는 게 합리적이다. 100% 에탄올은 실험실에서 사용되는 것과 다를 바 없는, 그야말로 주정酒精일 뿐이다.

사람들은 저마다의 기호에 따라 낮은 도수의 부드러운 술, 또는 반대로 높은 도수의 강렬한 독주를 선호한다. 필자는 주량이 그리 강하지 않지만 도수가 높은 독주를 선호하며, 맥주는 음료라 치부하는 부류에 속한다. 맥주를 무시한다거나 비생산적인 소위 '술부심'을 부리는 것은 아니다. 단지 술의 진정한 영혼과 역사적·연금술적·의학적·화학적 의미는 높은 도수의 에탄올에 담겨 있다고 생각하기에 마음의 끌림에 따른 학습된 선호도일 듯싶다.

술이란 무엇이라고 생각하는지 한마디로 말해보라는 질문을 받았을 때 '생명의 물'이라 답한 적 있다. 대부분은 어느 알코올 중독자의 대답이라도 되는 양 술에 대한 맹목적인 애정과 얽매임이라 오해해 즐겁게 반응했지만, 실제로 가장 오래된 에탄올의 이름이 'Aqua Vitae', 곧 생명의 물이다. 스코틀랜드와 아일랜드에서는 위스키의 어원이 되기도 한 'uisce beatha'로, 프랑스에서는 'eau de vie'로 불렸으며, 모두 생명의 물로 직역된다.[7]

연금술사는 술을 증류해서 에탄올을 정제한다. 연금술의 가장 큰 목적이 물질의 변환과 정화로 순수함을 추구하는 것이었던 만큼, 일상에서 접하는 생화학적 발효 생성물 식품을 고도로 정제해 얻어지는 투명하고 불타는 에탄올은 신비의 대상이었다. 기화되어 공기 속으로 사라질 수 있는 물질은 영적인 변환으로 보이기도 했으며, 방부와 소독으로 중세 질병의 감염과 확산을 제어할 수 있는 효과는 분명 생명의 정수와 같았다.

술, 살아 있다는 감각

에탄올이 무엇이든 술을 마시는 이유는 단순하다. 우리는 취하려고 술을 마신다. 취한다는 단어가 지나친 음주로 몸을 가누기 힘들고 기억과 시간을 지워가며 다음 날의 피로를 상징하는 듯하지만, 음악에 취하고 예술에 취하고 서로에게 취한다는 표현이 있듯 취한다는 것은 아름다움에 대한 매료이기도 하다.

첫 모금 삼켰을 때 느껴지는 감각은 술의 도수에 따라 다르다. 맥주에는 강렬한 탄산의 자극이 있지만 알코올의 영향은 미미하다. 13% 이상의 와인이라면 서서히 입과 식도에서 작은 온기가 느껴지기 시작한다. 이윽고 20%를 넘는 주류로 가면 이 열렬한 감각이 점차 강해지고 입과 목, 식도를 거쳐 위에 다다를 때까지 나의 소화기관이 어디에 있는지 내시경 검진 없이도 절실히 체감하도록 한다.

에탄올 등의 알코올은 점막에 닿을 때 강렬한 화학적 자극을 일으킨다. 높은 도수의 알코올이 닿을수록 타들어가는 듯한 뜨거움을 느끼게 되는데, 기억을 더듬어 다른 상황을 떠올리면 의아함이 커진다. 실수로 높은 도수의 술을 옷과 몸에 쏟거나 70%가 넘는 손 세정제 혹은 소독용 알코올이 피부에 닿았을 때는 오히려 빠른 증발로 인해 시원함을 느껴진다. 술이 피부와 달리 점막에 닿았을 때 화끈함이 느껴지는 것은 몇 가지 화학적 반응으로 설명된다.

쉽게 떠올릴 수 있는 이유는 높은 농도의 알코올에 의한 점막세포의 탈수다. 기름때를 지울 때에도 사용되는 알코올은 물과 달리 기름 성분에 침투하는 효과가 뛰어나다. 입안과 목의 표피세포를 탈수시키며 자극해 일종의 통각을 만들어낸다. 용매로서의 알코올의 성질은 세포를 구성하는 지질 막에 쉽게 침투하고 내부의 단백질을 변성^{denature}시킬 수도 있다. 투명한 액체 모습의 달걀흰자를 가열하면 새하얗고 단단한 고체로 굳어지는 모습에서 변성의 결과를 연상할 수도 있다. 또한 무언가 삼킬 때 순간적으로 식도와 후두근이 수축하는 감각을 느껴본 기억도 있을 텐데, 이 요소들이 동시에 작용하면 순간적으로 숨을 내쉬게 만든다. 뜨거운 음식을 삼켰을 때 자기도 모르게 하~ 하며 바람을 내뱉는 것 역시 열을 배출하고자 하는 작은 노력과 인체의 반사적인 호기 작용인 것과 같다. 술을 마시며 자연스럽게 나오는 캬~라는 감탄사는 광고나 드라마 등에 노출되어온 문화적 적응의 결과이자 도파민 반사의 학습된 결과이기도 하다.

차갑게 식힌 술을 마셔도 식도를 따라 열감이 느껴지는 것은 매운 음식을 먹었을 때와 정확히 같은 이유다. 같은 매운맛이라도 고추와 고추냉이의 감각은 다르다. 고추의 캡사이신^{capsaicin}은 매운맛과 함께 땀이 날 정도로 후끈한 열감을 느끼게 되는 TRPV1$^{\text{Transient receptor potential vanilloid-1}}$이라는 수용체를 활성화한다. 그와 달리 아주 차가운 물을 마셨을 때처럼 코가 찡한 차가운 매운맛은 고추냉이의 알릴 아이소싸이오사이안산$^{\text{allyl isothiocyanate}}$이 또 다른 수용체인 TRPA1$^{\text{TRP ankyrin-1}}$을 자극하며 나타난다. 결국, 뜨겁고 매운맛은 촉각의 일종으로 TRPV1의 자극 유무에 따라 결정되는데, 에탄올 역시 이를 활성화하는 물질이다.[8] TRPV1의 활성화는 실제로는 뜨겁지 않더라도 뜨거운 것으로 느끼게 되며, 수용체가 활성화된 후에는 미지근한 물도 아주 뜨겁게 느껴진다. 비슷한 경험을 하나 더 떠올려 보자. 박하사탕 등 멘톨^{menthol}이 함유된 식품을 먹고 난 후 물을 마시면 목이 오그라들고 머리가 지끈거릴 정도의 차가움이 느껴지는 것도 차가운 감각과 관련된 수용체인 TRPM8$^{\text{TRP melastatin-8}}$이 활성화되었기 때문이다.[9] 술을 마실 때 매운 음식을 좋아하는 사람은 땀을 뻘뻘 흘리며 즐기지만, 매운 음식을 잘 못 먹는 사람이라면 안주 선택에 신중해야겠다. 술과 함께라면 평소보다 더 뜨겁고 매울 테니 말이다.

감각을 인식해 정보를 전달하려면 신경세포가 분포되어 있어야 한다. 식사 중 입 내벽이나 혀를 깨물면 아찔할 정도의 통증이 쏟아지는 것처럼, 입에는 매우 민감한 신경 말단이 밀집되어 있다. 식도 역시 마찬가지다. 알코올의 접촉은 입과 식도에서 강렬한 감각 신호를 일으키기에 화끈거림이 느껴진다.

혹시라도 인체의 다른 점막들에도 시도해봤다면 확연한 차이를 느낄 수 있다. 오래전 대학생 시절에 학번 차이가 큰 한 선배에게서 낯선 과거의 문물을 전수받은 적 있다. 1997년 말부터 시작된 대한민국의 외환 위기로 인해 국제통화기금IMF의 구제금융이 들어오는 등 사회적 혼란이 만연했던 시기가 있었다. 당시 비교적 어린 학생이었던 나는 정확한 내막을 알기보다는 뛰어놀기에 바빴지만, 그때는 모두가 경제적으로 힘들던 시기였다. 그래서 가장 적은 양의 술로 최대한 많은 사람이 취할 수 있는 음주 방법이 만들어졌는데, 이름하여 'IMF酒'였다. 소주 한 병을 군대 내무반 사람들이 돌아가며 코로 섭취하는 기묘한 풍습이었다고 한다. 물론 실제로 행해지던 방식일지 장난삼아 선배가 어린 후배를 놀리고자 과장한 것일지는 모르지만, 필자의 과학적 호기심은 이미 '브레이크가 고장 난 8톤 트럭'과 다름없었다(그것이 바로 과학자다).

그 호기심의 결말은 아주 적은 양의 술이라도 코로 마시면 자신도 모르게 눈물 콧물이 날 정도로 화끈한 감각을 체험할 수 있다는 깨달음이었다. 수영장에서 코에 물이 들어갔을 때 받았던 맵싸한 느낌을 더 강렬하게 떠올리면 적절하다. 코점막은 신경과 모세혈관이 다수 분포되어 있어 감각적인 자극과 함께 더욱 빠르고 효율적으로 알코올을 흡수하게 된다. 비슷하게 떠돌던 이야기 중 하나는 흡사 좌약처럼 항문으로 술을 섭취할 수 있다는 것이었다. 섭취라는 표현이 적용될 수 있는지 모르겠다는 점은 차치하고도, 직장은 코와 달리 통각 신경이 거의 분포되지 않아 자신도 모르게 다량의 알코올이 흡수될 수 있다. 목숨과 직결될 수 있는 위험한 시도이니 글로만 보고 시도하지는 말자.

  목을 타고 내려가는 술은 도수에 따라 내 소화기관의 위치를 인식하게 해주며 살아 있음을 느끼게 한다. 알코올에 의해 탈수를 겪는 세포의 비명을 촉각으로 느끼며 살아 있었음을 뒤늦게 이해하는 셈이다. 이처럼 술이 만드는 촉각적 자극은 단조롭지만 강렬하며 흥미로운 경험으로 체감된다. 앞서 달콤한 술을 들이켜며 발효된 과일을 찾아내 행복하게 삼키던 원숭이와 인류의 선조를 떠올렸다면, 이번에는 타들어가듯 목을 지나치는 독주를 삼키며 생명의 물을 찬양하던 중세 연금술사들을 기억해볼 수 있겠다.

두 번째 잔은 생명의 물과 연금술사들에게 건배!

세 번째 잔

오감의 예술

위스키는
액체로 된 햇빛이다.
―조지 버나드 쇼 George Bernard Shaw

술은 노력과 시간이 깃들수록 아름다움이 깊어진다. 물론 즐기는 데 드는 비용 또한 함께 높아지지만, 좋은 날 좋은 순간을 즐기기 위해서 가끔은 용기를 내볼 만하다. 세월이 담긴 술은 무엇이 달라질까? 황금빛, 호박색, 진갈색으로 깊어지는 색과 그만큼이나 풍부한 맛이 생긴다고 하지만, 가장 극적인 변화는 향의 다채로움이다. 술은 기호식품으로 입에 넣어 삼키는 물질인 만큼, 단순한 쓰임새를 넘어 오감이 종합적으로 작용한다. 과장된 반응으로 그려지는 미식 만화의 장면들처럼, 오감으로 느끼는 대상은 단순한 경험이 아니라 우리의 영혼을

춤추게 만드는 작은 우주와 같다. 술의 향기는 자연의 선물이고 그 맛은 인간의 예술이라는 말마따나 우리는 술을 만들고 더 맛있게 즐기기 위해 연구한다. 심지어 과학을 사용해서까지 말이다.

물 한 방울로 향을 풀어내기

사람마다 취향은 제각각이지만, 누구도 타인의 의지에 의한 희석^{dilution}을 좋아하진 않는다는 점만은 확실하다. 국, 커피, 우유, 음료 무엇이든 액체 상태로 된 식품에 인위적으로 물을 혼합하는 희석은 최적화된 맛과 향을 무너뜨린다. 시판되는 제품이 갖추고 있던 정교하게 설계된 매력이 희석되어 흐려지기 시작한다. 술에 대해서는 더 민감한 문제다. 그런데 역설적으로 술에 가장 좋은 첨가제는 물이다. '물 탄 술'이라는 말이 판매자가 부정적으로 이익을 얻으려고 기만행위를 한 게 아닌지 의심하는 표현으로 흔히 사용되곤 하지만 말이다.

향기는 강렬하다. 비록 선명도에서는 시각보다 떨어지지만, 인간의 후각은 예민해서 정보의 과부하를 막기 위해 쉽게 피로해지는 감각이기도 하다. 흔히 후각이 발달한 대표적인 동물로 개를 꼽는다. 개와 인간의 후각 능력을 정량적으로 비교한다면 후각 수용체 500만~600만 개로 구성된 인간에 비해

2억~3억 개가 분포한 개는 인간보다 40~60배나 뛰어난 감지 능력이 있다고 단순히 비교할 수도 있다. 심지어 후각 신호를 처리하는 뇌의 피질 영역조차 개가 인간보다 40배가량 크기 때문에 전체적인 능력은 최대 10만 배가량 차이 난다.[1]

하지만 절대적인 것은 아니다. 메르캅탄mercaptan을 비롯한 황화합물을 감지하는 능력은 인간이 더 발달했으며, 과일 향을 만들어내는 에스터ester 분자를 감지하는 기능도 탁월하다.[2] 에스터 분자들은 과일이 농익을수록 더욱 풍부해지는 만큼 인간은 자연 속 술을 찾아내는 데 특화되어 있다. 에탄올을 기준으로 한다면 인간은 개보다 후각 능력이 뛰어나다. 에탄올의 농도가 높아질수록 감미로운 후각을 넘어 통증이나 자극이라는 신체 반응으로 인식할 정도다.

여기서 고민해볼 문제는 발효주를 증류해서 에탄올 농도를 높였을 때 어느 정도의 도수가 적합할지다. 예를 들어 위스키를 제조할 때 맥아를 발효한 뒤 증류해서 만들어지는 위스키 원액spirit은 무려 70%에 달한다. 이후 오크통의 향을 녹여내며 숙성하는 과정에서 휘발성이 있는 원액의 일부는 증류되어 '천사의 몫Angel's share'이라는 이름으로 사라지고, 50~65% 정도의 최종적인 결과가 만들어진다. 하지만 우리가 구매하는 위스키의 정보를 찾아본다면 거의 모두가 40%로 맞춰져 있다는 사실을 발견하게 된다.

  40%라는 에탄올 농도에는 몇 가지 불명확한 사실과 더불어 과학적 원리가 숨어 있다. 먼저 알코올 도수에 관해 다시 한번 짚고 넘어가야 할 것은 일부 주류는 퍼센트(%)가 아닌 도(°)로 표현되어 있다는 점이다. 심지어 100%라는 최대 수치를 갖는 백분율과 다르게 '프루프proof'라 불리는 도라는 단위는 최대 수치가 200에 가깝다. '증명'이라는 뜻인 프루프가 단위로 사용된 것은 17세기 영국에서 주류세를 매기기 위해 술의 도수 기준을 증명하는 데서 시작되었다. 당시에는 정밀하고 과학적인 분석 장비나 기술이 없었기 때문에 인화성을 갖는 에탄올의 함량을 기준으로 실험해서 확인하는 수밖에 없었다. 당시 사용되던 흑색 화약에 도수를 확인해야 하는 럼rum 혹은 위스키를 부어 불이 붙는지 확인하는 방식이었다. 이 실험에서 불이 붙기 위한 에탄올의 정확한 농도는 57.15%였다. 결국 현재 사용되는 ABV 57.15%가 기준점이 되었으며, 완벽히 증명되었다는 의미로 이를 100°로 사용하기 시작했다.[3]

  현재는 조금 더 편리한 환산을 위해 도를 단순히 퍼센트의 2배로 계산하는 미국식 프루프 시스템이 주로 사용된다. 40%의 위스키는 80°로 표현될 수 있으며, 가장 독한 술이라는 스피리투스의 96%는 192°로 이야기된다. 독주를 찾아다니는 독자라면 아마도 프루프 기준으로 표기된 것을 목격한 바 있으리라. 편의상 ABV%가 일반적이지만, 역사적 가치와 상징성을 고민한다면 프루프에는 놓칠 수 없는 매력이 있다.

증명이라는 표현까지 도입한 목적은 품질 확인과 세금의 부과다. 17~18세기는 절대왕정이 절정에 다다른 시대로, 왕권을 강화하려면 막대한 비용이 필요했다. 특히 잦은 전쟁 등으로 군대를 유지할 자금을 마련해야 했다. 당시 상업의 발달과 함께 늘어난 소비재에 부과한 세금 중에서도 주류세와 염세 등이 국가 재정에 큰 축을 차지했고, 높은 도수의 술은 희석을 통해 더 많은 술로 재생산될 수 있었기에 도수에 따라 세금을 매겼다.

비슷한 예로 러시아의 보드카 도수를 40%로 표준화한 사건을 들 수 있다. 술과 화학에 대한 오해 중 하나로, 화학 역사상 가장 위대한 발명을 이뤄낸 주기율표periodic table의 아버지 드미트리 멘델레예프Dmitri Mendeleev가 연구 끝에 보드카의 알코올 도수 40%를 제안해 국가 표준으로 받아들여졌다는 속설이 있다. 먼저, 멘델레예프가 물과 에탄올의 혼합 용액에 관해 연구했던 것은 사실이다. 그는 〈알코올과 물의 결합에 관한 연구 O соединении спирта с водою〉라는 박사 학위 논문을 통해 밀도와 부피 변화가 가장 안정적인 조건에 대해 밝혀냈다.[4] 하지만 정작

40%라는 기준이 세워진 것은 이번에도 품질과 세수를 표준화하기 위한 정부 정책의 결과였다.

지나치게 높은 도수는 인화성이 높아 보관이나 국내외 배송 과정에서 화재나 폭발 사고와 연관될 수 있다. 무엇보다 높은 도수의 에탄올은 앞서 소개한 것처럼 구강과 식도 등 점막에 대한 손상과 자극을 유발해 온전한 술의 맛과 향을 즐기기 어렵게 한다. 40%라는 조건은 에탄올의 자극에서 느껴지는 촉각과 물 및 에탄올에 녹아 있는 다양한 화학 분자의 향과 맛을 음미하기 위한 시작이다.

다시 처음의 질문으로 돌아가보자. 술에 물을 타는 것은 올바른가? 혹은 주도에 어긋나는 일종의 반달리즘vandalism과 다를 바 없는가? 의외로 우리는 다양한 문화 속에서 술에 물이나 얼음을 넣는 것을 발견할 수 있다. 위스키에는 아름다운 구형의 얼음이나 조각 얼음을 넣어 조금 더 먹기 편한 부드러운 조건을 만들기도 한다. 일본에서는 미즈와리水割り라고 불리는 방식으로, 위스키나 소주, 청주에 찬물이나 얼음을 넣어 즐긴다. 언제나 목적은 단 하나, 취향에 따라 더 맛있고 균형 잡힌 풍미를 느끼기 위해서다.

경험적인 정보도 중요하지만 역시 과학적인 원리를 바탕으로 주장해야 술자리에서의 입담과 권위도 강해지는 법이다.

아마도 이런 목적에서인지 위스키에 물을 조금 넣었을 때 일어나는 변화를 분자 시뮬레이션으로 추적한 연구 결과도 발표되었다.[5] 위스키는 다양한 화학물질이 뒤섞인 복잡하고 감미로운 향을 가진다. 코코넛 향을 풍기는 위스키 락톤lactone, 과일 향의 에스터, 싱그러운 풀 향이나 달콤한 바닐라, 고소한 아몬드나 곡물 향을 갖는 알데하이드까지 다채롭다. 그중 가장 위스키다운 향을 꼽으라면 인위적으로 참나무 조각을 태운 연기로 향을 더하기도 하는 스모크 향을 갖는 구아야콜guaiacol이 대표적이다.

차가운 위스키는 모든 향 분자의 휘발성이 낮아져 있어 마시기 편하지만 화려하지 않으며, 따뜻한 위스키는 알코올과 향 분자들이 빠르게 풀려나 향으로 가득하지만 목 넘김이 자극적이다. 그 중심을 잡으려고 다양한 방식이 고안되지만, 당혹스럽게도 가장 간편하고 효과 좋은 방법은 물을 몇 방울 떨어뜨리는 것이다. 구아야콜은 물과 에탄올에 대한 녹는 정도가 다르다. 몇 방울의 물은 갇혀 있던 구아야콜 분자들을 위스키 표면으로 끌어올려 단단하게 굳어 있던 향을 빠르게 풀어낸다. 요리에 몇 방울의 참기름이나 트뤼프 오일을 뿌려 전체적인 완성도를 높이듯, 마시기 전 위스키에 닿는 몇 방울의 물은 최고의 술을 탄생시킨다.

보기 좋은 술이 먹기 좋다

　시각은 가장 명확한 정보를 제공하는 만큼 우리의 판단에도 큰 영향을 준다. 이성을 만날 때도 많은 사람은 외형적인 매력보다는 내면의 아름다움에 더 큰 비중을 둔다고 말하지만, 흔한 말마따나 첫 대면에서 이루어지는 일차적인 시각적 판단을 통과해야 내면을 드러내 보일 기회라도 주어지는 것이다. 사람 사이의 만남도 그럴진대 음식을 선택하는 순간에도 시각적 정보는 중요하다. 파란색 라면이나 보라색 스테이크 등 장난스럽게 식용 색소를 넣어 소위 식욕 감퇴를 유발하는 괴식怪食이라는 장르가 등장하기도 한다. 아마 색감 판단을 초월해 현재까지 살아남은 음식은 오징어먹물 리소토 정도가 전부이지 않을까 싶다.

　액체로 이루어진 식품인 술은 에탄올의 무색투명한 성질에 기반하니 보편적으로 시각적 문제는 없었으리라 생각된다. 하지만 술 역시 과거에는 조금 진입장벽이 있는 모습이었다. 대표적으로 고대부터 존재했던 술인 맥주를 들 수 있다. 발효된 맥주는 우리에게 친숙한 탄산으로 가득한 황금빛의 찬란한 술이 아닌 죽이나 수프에 가까운 걸쭉한 형태였다. 곡물이 발효되며 탄수화물은 작게 분해되고 곡물 껍질과 증식한 효모들, 기타 찌꺼기들이 한데 뒤섞여 탁한 형태였다. 과거 수메르에는 빨대를 이용해 표면에 떠 있는 찌꺼기들을 피하며 맥주를 마시는 관습이 있었고, 이는 당시의 점토판과 벽화에서 확인된다.[6]

쌉쌀한 맛과 향을 더하는 홉^{hop}을 첨가하기 시작한 9세기에도 맥주는 여전히 불투명하고 부유물이 가득한 액체였다. 양조를 위한 효모만 따로 준비해 넣는 지금의 방식과는 달리 미생물과 세균에 대한 이해가 없던 중세에 수많은 생화학 반응이 뒤섞여 이루어졌기 때문이다. 조금 더 극단적으로 표현한다면 미생물 배양 시설과 다름없었다. 여과 기술이 발전해 깨끗한 맥주를 만들 수 있게 된 것은 무려 600년 후인 15세기 무렵이었다. 자연스레 맥주를 증류해 얻어지는 위스키의 깨끗하고 영롱한 모습이 순수한 본질에 대한 정화와 다름없이 느껴졌을 테니 생명의 물이라 불리게 되던 과정도 자연스레 이해된다. 1516년 제정된 맥주 순수령^{Reinheitsgebot}은 물과 맥아와 홉만으로 맥주를 만들어야 한다는 내용을 담고 있었기에 지금처럼 균일한 품질의 황금빛 술이 탄생할 수 있었다.

또 다른 맥주의 시각적 효과는 잔 벽면을 타고 올라오는 탄산 기포다. 이제는 고압 상태의 이산화 탄소 기체가 채워진 봄베^{bombe}를 이용해 물에든 맥주에든 간단히 탄산을 녹여 첨가할 수 있지만, 과거에 이는 불가능한 작업이었다. 더욱이 얼음이나 물처럼 눈으로 관찰할 수 있는 고체나 액체와는 달리 기체는 눈에 보이지 않았다. 에너지를 갖고 일을 할 수 있는 기체가 존재함은 알았으나 다루기 어렵던 시대였다.[7] 발효 과정에서 에탄올과 이산화 탄소가 발생하므로 소량의 탄산은 술에 녹아들 수 있었다. 탄산이 함유된 유명한 술인 샴페인champagne은 이름 그대로 프랑스의 샹파뉴 지역 특산 와인이었다. 샹파뉴 지역은 기후가 추운 편에 속해 와인의 발효 속도가 느렸다. 발효가 완료되지 못한 상태로 병에 담긴 와인은 봄에 기온이 상승하며 병 안에서 추가적으로 발효되었고, 이 과정에서 발생한 이산화 탄소는 내부 압력이 높아지며 자연스럽게 술에 녹아들어 탄산이 될 수 있었다. 유명한 샴페인의 제품명이기도 한 동 페리뇽Dom Pérignon은 17세기 베네딕트회 수도사로, 포도 품종을 조합하고 강도가 뛰어난 병과 마개를 사용해 탄산이 풍부한 샴페인을 만드는 데 성공했다. 그 과정은 용매에 대한 비극성 기체의 용해도를 설명하는 헨리의 법칙Henry's law으로 해석될 수 있다.

　아름다운 술의 색상은 많은 예술가에게 영감의 대상이 되기도 했다. 녹색 요정green fairy이라는 별명으로도 불리던 압생트absinthe가 대표적이다. 빈센트 반 고흐Vincent van Gogh는 압생트를 자주 마신 것으로 유명하며, 술이 그의 불안정한 정신세계와 강렬한 색감의 화풍에 영향을 주었을 것으로 이야기되기도 한다. 당시 사용되던 물감들로 인해 널리 알려진 그의 납^{Pb} 중독과 더불어 압생트의 환각 효과나 만취로 인한 시각적 왜곡이 영감을 주었을 수 있다. 고흐 외에도 〈압생트$^{L'Absinthe}$〉라는 대표작으로 유명한 에드가르 드가$^{Edgar\ Degas}$나 압생트를 마시며 창작 활동에 매진했던 아르튀르 랭보$^{Arthur\ Rimbaud}$, 샤를 보들레르$^{Charles\ Baudelaire}$가 유명하다.

압생트를 마시는 방법으로는 전용 스푼 위에 각설탕을 올리고 압생트를 부어 충분히 적신 후 불을 붙이거나 차가운 물을 방울방울 떨어뜨려 녹이는 등 다양한 방법이 알려져 있다. 이처럼 시각적이고 감각적인 일종의 음주 의식은 예술적인 영역으로 받아들여지곤 했다. 지금은 압생트를 손쉽게 구매해 즐길 수 있지만, 여러 예술가의 사례처럼 과거에는 중독성과 환각성이 우려되어 1915년경에는 생산과 판매가 금지되기도 했다. 이로부터 유래한 압생트중독^{absinthism}이라는 단어가 있을 정도다.

압생트의 환각성에 대해 솔깃함을 느낀다면, 아쉽겠지만 오늘날에는 환각을 체험하기 어렵다는 결론을 먼저 이야기해야겠다. 환각을 일으키는 성분은 이미 확인되었다. 압생트의 주요 재료는 쑥과 회향과 아니스다. 증류 후 이와 같은 식물성 재료들과 몇 가지 허브를 첨가해 향과 색을 우려낸다. 핵심은 식물의 학명에서 눈치챌 수 있듯 향쑥$^{Artemisia\ absinthium}$이다. 향쑥에 함유된 투죤^{thujone}이라는 분자는 신경독성을 가져 환각을 유발할 수 있는 물질이다.[8] 물론 함량이 높지 않아 우리가 상상하는 수준의 환각을 일으키진 않았을 테지만, 술에 취한 상태와 복합적으로 작용해 예술적 영감을 불러오지 않았을까 추측된다.

무엇보다 허브와 향쑥 등 식물에서 추출된 엽록소^{chlorophyll}가 발산하는 선명한 녹색의 시각적 효과도 한몫했을 것이다. 이제는 매우 다양한 색상의 염료와 물감이 저렴한 가격으로 판매되지만, 과거에는 매우 구하기 어렵고 값비싼 염료가 많았다. 요하네스 페르메이르$^{Johannes\ Vermeer}$가 〈진주 귀걸이를 한 소녀$^{Meisje\ met\ de\ parel}$〉를 그릴 때 사용했던 선명한 푸른색의 울트라마린^{ultramarine}은 보석류인 청금석$^{lapis\ lazuli}$을 분쇄한 분말로, 지중해를 넘어 수입된 만큼 같은 무게의 금 가격에 거래되었다. 최초의 에메랄드그린 색상 물질인 파리스 그린$^{Paris\ green}$은 살충 및 살서 효과가 있는 비소 화합물이지만 물감으로도 사용되었다. 아마도 녹색의 투명한 술인 압생트는 예술가들의 오감과 영혼을 뒤흔들기에 충분히 매력적이었으리라.

조금 더 공격적으로 오감을 자극하는 술이라면 강렬한 허브

향과 달콤한 맛, 야성적인 매력의 예거마이스터Jägermeister가 떠오른다. 이 이름은 '사냥터의 우두머리'라는 뜻인데, 무려 56종류의 허브와 향료가 설탕과 함께 혼합된 진갈색의 불투명한 액체다. 수정과가 익숙한 국내에서는 그다지 인기가 없지만, 이 포화에 가까운 용액은 -15℃로 마셔야 제맛이라고 하니 최고의 감각을 즐기고 싶다면 냉동실에 잠시 넣어 아주 차갑게 경험해보기를 권한다.

소믈리에나 애주가가 와인이나 위스키를 즐길 때는 색상과 향, 맛, 목 넘김에 순차적으로 몰입한다. 이처럼 술은 단순히 마셔 취하고 무엇인가를 잊기 위한 것만이 아닌 종합적인 예술이자 미식의 극치라 해도 과언이 아니다. 오감 중 청각은 어디에 있는지 묻는다면 오늘 퇴근 후 차갑게 식혀둔 맥주 캔을 따는 순간에 즐길 수 있을 것이다.

물과 향기와 약과 술

뜻을 쉽게 짐작하기 어려운 새로운 단어든 익숙하게 사용되어 이질감을 느낀 적 없던 친숙한 단어든 어원을 뒤져보기 시작하는 순간 새로운 세상이 열린다. 특히 단어의 어원은 과거 여러 문화권의 용어가 적용되며 지금의 형태에 이르게 된 것이기에 당시 사회의 모습이나 풍습, 혹은 인식을 반영하는 경우가 많아 흥미롭다. 우리가 생명의 물이라는 어원까지 함께 살펴봤던 위스키는 이름과 표기에서 숨은 이야기를 찾아볼 수 있다.

위스키에 생명의 물이라는 의미가 함께했던 것은 15세기 무렵 증류법이 약을 만드는 데 사용되었기 때문이다. 현재는 정확한 용량대로 고형화된 알약이나 캡슐 등이 편하게 사용되지만, 고순도의 약을 분리해 독성이 없을 정도로 먹기 편하게 제조하는 것은 어려운 작업이었다. 대부분의 약은 식물이나 광물의 유효 성분을 용매로 추출해 물약 형태로 복용했다.

술을 약으로 사용한 최초의 인물로 기록된 사람은 11세기경 로마 가톨릭교회 베네딕트회 수녀원장이었던 힐데가르트 폰 빙엔Hildegard von Bingen이었다. 그녀는 일관된 작곡 활동을 이어갔던 작곡가이자 약초학자 및 과학자이기도 했다. 맥주와 와인의 제조법을 기록하는 것은 물론이고, 물 대신 술로 겨울을 이겨내는 것을 권장하는 등 건강 목적으로 술을 사용하는 데 주목했다.[9]

고대 아랍에서 증류 기술이 확립되며 높은 농도의 알코올, 특히 에탄올을 분리할 수 있었으며, 이를 활용해 약초 성분을 추출하기 시작한다. 약물 분자의 화학적 형태에 따라 작동 방식은 제각각이다. 인체를 구성하는 성분의 약 70%는 물이다.

물은 지구상에서 가장 비열이 높아 기후와 생태계를 유지하는 데 핵심으로 작용하며, 분자를 구성하는 전자의 치우침이 심한 극성^{polarity} 분자다. 유유상종^{類類相從} 혹은 초록동색^{草綠同色} 등의 사자성어로 이야기되는 서로 닮은 사람끼리 함께한다는 인생의 진리는 화학에도 적용된다. 극성을 갖는 화학물질은 극성 용매에 잘 녹고, 극성이 없는 비극성 화학물질은 역시나 비극성 용매에 잘 녹는다. 기름때는 드라이클리닝을 통해 기름으로 지워야 제거되며, 유사한 세탁 효과를 가정에서 최대한 얻으려면 기름 성분을 물에 녹일 수 있는 계면활성제(세제)를 사용한다.

문제는 많은 의약품과 향 분자의 극성이 그리 높지 않다는 데 있다. 향으로 느껴지기 위해 기화되어 공기 중으로 날아가려면 비극성일수록 유리하며, 단순한 물로 추출하려 해봤자 물에 잘 녹는 극성 성분만 녹아 나온다. 이런 상황에서 알코올의 등장은 닫혀 있던 향과 약의 문을 여는 열쇠와 같았다.

12세기 이후 유럽은 알코올을 이용해 약초의 유효 성분을 적극적으로 추출했다. 이와 더불어 향 분자들을 뽑아내는 데도 알코올을 사용하기 시작한다. 이전의 향수 제조는 동물의 지방 등을 사용하는 냉침법^{enfleurage}이 주를 이뤘다. 왁스 형태로 발라놓은 고체 지방 위에 꽃을 올려 향이 배어들도록 며칠

간 차갑게 놓아두었다가 이를 모아서 향을 추출하는 방식이다. 생명의 물을 발견한 이후부터는 식물의 향이나 활성 성분을 알코올이라는 매질로 분리해 저장할 수 있게 되었다. 소위 '빨간약'이라는 별명으로 불리는 아이오딘팅크처$^{\text{Iodine tincture}}$ 역시 에탄올에 용해된 추출물을 부르는 표현이다. 현대 약학에서도 여전히 에탄올은 약물 분자를 녹여내는 물질로 사용된다. 전립선암 치료제로 사용되는 카바지탁셀^{cabazitaxel} 같은 항암제는 에탄올에 용해되어 안정하게 보관되며, 사용 전에 물(생리식염수)과 혼합해 위스키 속 향을 풀어내듯 약효 물질을 풀어낸다.

여러 유명 위스키 제조 국가 중에서 유서 깊은 곳으로는 스코틀랜드가 대표적이다. 스코틀랜드에는 위스키 증류에 대한 가장 초기의 문서가 남아 있다. 1494년 6월 1일 자로 작성된 스코틀랜드 재무 장부$^{\text{Exchequer Rolls}}$에 린도레스 수도원$^{\text{Lindores Abbey}}$의 수도사 존 코어$^{\text{John Cor}}$에게 생명의 물을 만들 맥아를 지급하라는 왕의 명령이 기록된 것이다.[10]

스카치위스키는 'whisky'로 표기하지만 아이리시위스키나 버번위스키 등은 'whiskey'로 표기한다. 전통적인 위스키 생산국인 스코틀랜드는 오크통에서 최소 3년 이상 숙성해야 하는 등 독자적인 제조 기준이 있으며, 이를 그대로 따르는 캐나다와 일본도 'whisky'라는 표기를 사용한다. 이와 달리 아일랜드는 스카치위스키와의 차별성을 위해 'whiskey'로 표기하며, 제조법 또한 삼중 증류triple distillation 방식을 사용한다. 친숙한 위스키라는 단어에도 역사적 가치와 기준이 다양하며, 술의 다채로운 이름에는 그만큼 풍성한 이야기가 숨어 있다.

종종 술자리에서 사람을 만나다 보면, 또 그것이 자주 가는 술집이 아니라면 자연스럽게 좋아하는 주종이 무엇이냐는 질문을 받곤 한다. 많은 경우 고상한 나의 외모에서 미루어 짐작하는 것인지 한 잔의 위스키를 즐기며 책이나 논문을 쓰는 모습을 기대하지만, 나는 매우 송구스럽게도 그 기대를 깨뜨리곤 한다. 내게 단 하나의 선호 주종을 고르라면 단연코 럼이다. 술 중에서 이름이 가장 짧고 간략한 럼은 누가 봐도 무언가 이전의 단어를 줄여 부르게 된 듯한데, 정확한 어원에 대해서는 논쟁의 여지가 있다. 하나는 대소동이나 뜨거운 음료를 뜻하는 'rumbullion'이 17세기경 럼으로 축약되었다는 이야기고, 다른 하나는 당시 설탕을 만드는 재료였던 사탕수수가 럼의 핵심 재료인 만큼 라틴어로 설탕을 의미하는 'saccharum'에서 유래했다는 이야기다. 중요한 것은 지금도 럼을 만드는 데 사탕수수가 사용된다는 점이다. 이제는 국내에서도 사탕수수를 짜낸 음료를 판매하기도 하지만, 원래 사탕수수는 온난 기후 지역에 서식하는 여러해살이풀이어서 우리나라처럼 연간 기후 차가 심한 지역에서는 자라지 못한다. 귀한 재료인 사탕수수로 만드는 술을 마실 수 있다는 기대감과 더불어 여러 해적 관련 영화나 만화에 등장하는 럼의 모습은 나름의 환상으로 자리 잡기에 충분했으며, 내가 럼을 즐기게 된 이유이기도 하다.

보드카^{vodka}도 매력적이다. 추운 날씨가 이어지는 러시아 지역에서는 재배가 편한 감자를 이용해 발효주를 만든 뒤 이를 높은 도수의 보드카로 증류해 자주 마신다. 술을 물처럼 마시기 때문인지 모르겠지만, 보드카라는 이름은 슬라브어로 물을 의미하는 'voda'에서 유래한다. 생명의 물과 직결되는 표현이기도 하지만, 중성적이고 순수한 맛을 간직하는 보드카를 혹시나 정말 물로 생각한 것은 아니었을까?

발효를 통해 만들어지던 초기의 술은 분명 먹기 위함이었다. 하지만 증류를 통해 얻어지는 에탄올은 쓰임새가 조금 더 많다. 고대 이집트를 비롯해 많은 지역에서 신에게 바치는 공물이자 사람들을 위한 축제와 예식의 필수 요소로 사용되었으며, 슬프고 우울한 사람들에게는 위로가, 춥고 힘든 사람들에게는 온기가 되었다.

세 번째 잔은 자연의 향기와 인간의 예술에 건배!

네 번째 잔

용기와 행복의 물약

맥주는 적당히 마시면
마음을 부드럽게 하고
정신을 밝게 하며
건강을 증진한다.
―토머스 제퍼슨 Thomas Jefferson [1]

술을 찾는 이유는 한 방향으로 국한되지 않는다. 기쁠 때나 슬플 때, 용기가 필요할 때나 행복을 나누고 싶을 때 우리는 자연스레 술잔을 든다. 첫 만남의 어색함을 녹이는 데, 실패의 쓴맛을 달래는 데, 혹은 꿈을 논하고 다짐을 새기는 데 술은 마법 같은 역할을 한다. 이 작은 잔에 담긴 액체는 단순히 뇌를 마비시키려는 알코올의 집합체가 아니다. 긴장을 풀어주고, 마음의 문을 열며, 때로는 현실의 무게를 잠시 잊게 해주는 마법 물약의 일종이다. 물약의 효과는 여러분 모두가 충분히 체험해 왔을 것으로 믿고, 한 걸음 더 내디뎌 가장 과학적인 영역으로 들어가보자.

왜 술은 우리에게 용기와 행복을 주는가?

억제된 억제

행복을 얻기 위한 가장 중요하고도 어려운 선택은 '내려놓기'라 이야기한다. 물질적으로 풍요로운 세상이지만 모두가 그만큼 행복하다 자신 있게 이야기할 수 없는 것은 나와 남을 비교하면서 풍요 속의 상대적 빈곤을 체감하기 때문일 것이다. 소유에 대한 집착을 내려놓는 무소유의 권유가 지금도 자주 이야기되곤 한다. 조금 더 형이상학적으로 고민한다면 번뇌나 집착 등 모든 것을 내려놓고 스스로 정신적 구원을 받는 방식일 수도 있으며, 물질적으로는 미래의 걱정을 내려놓고 현실에 충실함으로써 더 가치 있는 삶을 갈구하는 방식일 수도 있다. 하지만 쉽지 않은 일이다.

만약 무엇인가를 내려놓고자 한다면 가장 적극적이고 효과적으로 우리를 돕는 것은 술이다. 심지어 다음 날 중요한 약속이 있다고 해도 어느새 내려놓고 마는 나 자신을 본 경험도 있을 것이다. 오늘의 내 업보는 내일의 내가 수습해야겠지만, 우선 당장은 내려놓을 수 있다.

 드라마나 영화에서 고민이 많거나 견디기 힘든 아픔이 있는 사람들이 술에 의존하는 모습으로 그려지는 것에서도 술이 내려놓는 데 즉효 약임이 드러난다. 심지어 그런 장면을 바라보며 그 누구도 의아함을 품지 않는다. 술은 이미 인류의 오랜 역사 속에서 마음의 무게를 덜어내는 도구로 완전히 자리 잡았다. 우리는 술을 마시며 눈앞의 걱정을 덜고, 평소에 어려웠던 행동이나 말을 용기 있게 해내곤 한다. 극복이나 개선이라는 면은 차치하고 본다면 뛰어난 심리 상담사보다 술이 직면한 문제를 (일시적이지만) 더 잘 해결한다. 이러한 현상은 단순히 심리적인 위안이나 사회적 관습으로만 설명될 수 없다. 술이 우리의 뇌와 신체에 미치는 화학적·생리학적 효과가 근본적인 원인이다.

 술의 핵심은 두말할 것 없이 에탄올이다. 에탄올의 한쪽 끝은 물과 마찬가지로 '-OH'를 달고 있다. 이를 화학에서는 수소^{H}와 산소^{O}로 이루어졌다는 의미의 수산화^{hydroxyl} 작용기라 부르며, 모든 알코올은 반드시 이 구조를 보유해야만 한다. 반대편의 구조는 꽤 다르다. 물은 단 하나의 수소가 연결되어 있지만(H-OH), 에탄올은 2개의 탄소^{C}와 5개의 수소가 연결된 형태(CH_3CH_2-OH)다. -OH가 개수와 무관하게 탄소와 연결

경우에만 알코올이라 부르며, 이 때문에 물은 알코올로 구분되지 않는다. 알코올의 정의 자체가 수산화 작용기를 포함한 유기 화합물이기 때문이다. 탄소와 수소만으로 이루어진 물질은 물에 잘 녹지 않는 비극성을 갖는데, 에탄올은 고작 탄소 2개 정도여서 물에도 기름에도 녹을 수 있는 유용한 성질을 갖는다. 그런데 인체의 70%가 물이라면 에탄올의 성질이 유효한 기름에 관련된 성분은 어디에서 찾아볼 수 있을까? 바로 세포들의 껍질인 세포막과 인간의 뇌다.[2]

에탄올은 위장에서 흡수된 후 곧이어 혈액에 녹아 들어가 전신을 질주한다. 인간의 뇌는 워낙에 중요한 기관이어서 혈액-뇌 장벽blood brain barrier이라는 강력한 보호막을 통해 세균이나 유해 분자의 진입을 막는다. 하지만 작고 가벼운 에탄올은 거칠 것이 없다. 뇌에 다다른 에탄올은 본격적으로 신경세포들의 활동을 조절하기 시작하는데 그중에서도 감마-아미노뷰티르산γ-aminobutyric acid, 줄여 말해 GABA 수용체에 결합한다. GABA는 뇌의 억제성 신경전달물질neurotransmitter로, 신경 신호를 차단하거나 느리게 해 안정감을 유도한다.

갑작스럽게 조금은 낯설고 복잡한 이야기가 쏟아지는 것처럼 느껴진다면 오히려 새로운 사실들을 이해할 좋은 상황이다. 과학으로 바라보는 인간의 감정 조절 원리는 예상보다 간단하다. 우리는 오감을 통해 정보를 입력받아 뇌로 전송하고 뇌의 명령을 통해 대응한다. 감각 정보를 인지하는 말단에서부터 뇌까지 단 하나의 신경으로 연결되어 있는 대신 여러 신경세포가 줄지어 정보를 옮겨간다. 하나의 신경세포 내에서는 간단히 전기 신호를 전달할 수 있지만 분리된 신경세포 간에는 완벽히 화학적인 방식으로 정보를 넘긴다. 이 과정을 위해 사용되는 화학물질이 바로 신경전달물질이며, 물질의 종류에 따라 선택적으로 잡아채 자극을 인식하는 부위가 수용체^{receptor}다. 들어맞는 화학 분자를 인식해 뜨거움 혹은 차가움을 전달하는 것과 같다.

단어마다 각자의 뜻을 갖는 것처럼, 화학물질도 작용할 수 있는 반응이 제각기 다르다. 신경전달물질의 종류 또한 다양한데 한 번쯤 들어본 적 있을 아드레날린^{adrenaline}이나 도파민^{dopamine}, 세로토닌^{serotonin} 등을 예로 들 수 있다. 에탄올에 의한 영향으로 소개했던 GABA 역시 인체에 특별한 반응을 일으키는데, 긴장을 완화하고 불안을 줄이는 역할로 대표된다. 글루탐산^{glutamate}이라는 흥분성 신경전달물질의 활성도 에탄올에 의해 억제되며, 우리가 술을 마실 때 느끼는 이완감과 감정적인 해소의 원인이다. 하지만 긍정적인 효과와 부정적인 영향 모두 물질의 양에 의해 결정되기에 지나치게 많은 에탄올은 GABA와 글루탐산에 작용해 알코올 의존성 혹은 중독을 일으키기도 한다.

언제나 가장 맛있는 술은 첫 잔이라 생각한다. 더운 날 얼음 서린 한 잔의 생맥주가 갈증을 해소하는 느낌을 주기도 하며, 추운 날 김이 모락모락 나는 사케 한 잔이 손과 마음을 따뜻하게 감싸주기도 한다. 서재에 앉아 책을 쓰다가 집중력이 흐트러질 때 한 모금 입에 머금는 싱글 몰트위스키는 훕사 문학의 대가라도 된 양 다시금 몰입할 수 있도록 나를 이끈다.

두 번째 잔도 달콤하다. 하지만 반복될수록 술의 매력적인 맛보다는 음주 자체에 몰입하게 된다. 이윽고 남아 있는 모호한 양의 술을 바라보며 다음을 위해 남겨두는 선택보다는 깔끔하게 몸속에 털어넣어 정리하려는, 처음의 목적을 잃어버린 결말을 향해 달려간다. 나는 이 과정을 '억제된 억제'라 말한다.

술은 흔히 우리의 감정을 흥분과 격앙으로 몰고 가는 각성제로 오해받지만, 실상은 매우 효과적인 진정제다. 그 진정의 대상은 다양하다. 앞서 술을 취향껏 골랐다면 계속해서 함께 마셔가며 만취까지의 과정을 이해해보자. 즐거운 첫 술잔 이후 조금씩 우리의 억제되었던 행동과 감정이 드러나기 시작한다. 뇌에서 의사결정과 자제력을 담당하는 주요 부위인 전전두엽 피질prefrontal cortex의 기능이 알코올에 의해 점차 약해지기 때문이다. 단순히 에탄올이 혈류를 타고 이동하다 뇌로 유입된 후 뇌를 마비 또는 마취시킨다고 표현되기도 하지만, 본질적인 과정은 신경전달물질과 수용체를 통해서 이루어진다. 바로 GABA와 글루탐산이다.[3]

에탄올에 의해 GABA 수용체가 활성화되면 신경세포의 활동을 줄여서 전두엽을 억제하기 시작한다. 글루탐산 수용체의 작용을 억제하면 신경 흥분이 줄어들게 된다. 그래서 술을 마시면 조금 더 감성적인 치우침에서 벗어나 이지적으로 사고할 수 있게 된 듯한 착각을 느낀다. 어디까지나 만취하기 이전까지지만 말이다. 한 잔 정도는 나쁘지 않다. 감정적 동요에 휩쓸리지 않고 이야기하거나 작업할 수 있도록 돕는다. 실제로는 나도 모르게 진정된 결과지만, 효과는 길지 않다. 에탄올에 의해 억제되는 기능 중에는 뇌의 정보 처리와 기억 형성이 포함된다. 지나친 음주로 끊긴 우리 기억의 필름에는 타당한 이유가 있는 셈이다.

억제된 억제는 솔직함에서 비롯되는 문제를 일으키기도 한다. 전두엽은 사회적인 규범을 인지하고 불필요하거나 위험한 행동을 제어하는 데 핵심적인 역할을 한다. 자제력과 판단력이 사라진 취객은 실제로 술에, 아니, 에탄올에 잡아먹힌 것과 같다. 이 문제를 극복할 수는 없을까? 수십 년 전 건강이나 신앙이나 개인의 신념에 따라 술을 거부하는 것조차 잘못된 것으로 몰아가던 야만의 시대에는 체질적으로 약한 에탄올 내구성을 정신력으로 해결하라는 강요도 많았다. 그 시대를 지나온 사람들이라면 한 번쯤은 들어봤을 법한 말이 있다.

> 파리가 천장에 붙을 수 있는 이유가 무엇인지 아는가? 정신력 때문이다.

과학적으로는 어처구니없는, 하지만 술에 취한 상태로 들으면 낄낄대며 동의할 만한 이야기였다. 생물학적으로 파리의 기능을 논할 계획은 없지만, 파리조차 가능한 일을 인간이 하지 못한다는 변명을 대지 말라는 논지로 생각하자. (물론 이제는 술자리에서 이런 발언을 하면 소위 '꼰대'로 구분되어 다음부터 초대받지 못할 것이니 자중하라!)

그런데 실제로 에탄올의 영향을 정신력으로 이겨낸 사례가 있으니, 자제력 상실을 에탄올에 의한 불가피한 일로 무작정 치부하기는 어렵다. 끝없이 술을 마시며 진지한 토의를 이어가던 자리, 바로 고대 그리스 심포지엄에서의 일이다. 플라톤의 기록에 남아 있는바, 심포지엄이 이어지며 다른 참석자들은 취해감에 따라 대화의 질이 낮아지거나 감정적인 치우침이 생겨나던 것과 달리 소크라테스는 마신 술의 양과 무관하게 마지막까지 논리적이고 명쾌한 사고를 펼쳤다고 한다. 알키비아데스Alkibiades는 소크라테스의 절제력에 대해 다음과 같은 찬사를 보냈다.

> 나는 지금껏 소크라테스가 취한 모습을 본 적이 없다.
> 내가 아무리 그를 시험하려 해도 말이다.
> ─플라톤, 《향연》, 220a **4**

물론 단순히 소크라테스가 술을 잘 마셨기 때문일 수도 있다. 하지만 그의 신념이었던 덕Arete을 고려한다면 정신적인 억제로 보는 것이 일반적이다. 소크라테스는 감정과 욕망에 흔들리지 않는 것이야말로 진정한 지혜와 미덕의 기반이라 이야기했다. 우리가 모두 소크라테스처럼 행동할 수는 없다. 하지만 에탄올에 의해 인간의 본질인 뇌의 억제가 억제된다면, 적어도 문제가 일어나지 않는 선까지 제어하려는 노력은 필요하다. 그래야 모든 사람이 술을 문화로 받아들일 수 있을 것이다. 억제를 억제하는 것을 억제하라.

취중진담과 자백의 차이

   뇌의 억제 기능을 술이 억제하면서 평소라면 망설였을 행동이나 말이 나오기 쉽다. 취중진담이라는 말마따나 술은 우리가 감추고 있던 내면의 본심을 드러나게 한다. 우리가 쌓아왔던 정신적인 장벽을 어디까지 무너뜨릴 수 있는지에 따라 표현되는 모습은 달라지며, 조금 더 진지하게 해석한다면 인지 단계를 낮추는 작용이라 할 수 있다.

   앞서 전두엽에 대한 알코올의 억제 효과를 강조했지만, 에탄올이 단순히 뇌의 특정 부분에만 작용하는 것은 아니다. 혈중 혹은 뇌 내 알코올 농도가 높아짐에 따라 뇌의 여러 인지 단계가 서서히 변화한다. 용기와 행복으로 가장 유쾌한 술자리 초기에는 걱정이 완화될 뿐만 아니라 사고도 조금씩 느려진다. 이야기 도중 명확한 답변이 어렵거나 이름과 일시 등이 곧바로 떠오르지 않는 것 등 모두가 사고 둔화의 결과다. 이 과정을 가벼운 취기 light intoxication라 한다. 섭취되는 알코올의 양이 늘수록 감정은 더 강렬해지고 가둬두었던 생각과 욕망이 드러난다. 물론 많은 양의 술을 마시고도 속마음을 숨긴 채 그럴싸하게 거짓을 만들어내는 사람도 있다. 리플리 증후군 Ripley syndrome처럼 철저히 확립된 자기 최면과 같은 상태라면 취중진담을 기대하기 어렵다.[5] 물론 그 정도로 철저한 가면을 유지할 수 있는 사람이라면 어차피 아무리 친해져도 진실을 들려주지 않을 테니 넘겨두자.

진실이란 무엇일까? 입으로 내뱉는 말 중에 거짓말이 아닌 모든 것을 진실이라 봐도 무방하겠다. 재미있는 사실은 거짓말을 만들어내는 것은 매우 많은 에너지를 소모하는 뇌의 중노동이라는 점이다. 거짓말 역시 뇌 기능 억제의 결과다. 정확히는 전전두엽 피질의 기능을 억제하며 도덕적 인지가 약해지고 죄책감이 줄어드는 과정으로 이루어진다. 술을 마시면 법이나 사회규범이 용납하지 않는 행동을 실현에 옮길 가능성이 높아지는 이유이기도 하며, 화학물질에 의해 이성적으로 판단할 수 없게 되는 상황, 즉 '알코올로 인한 심신 미약'이라는 다소 면벌부처럼 쓰이는 기준이 설립된 이유다. 여기서 역설적인 부분을 눈치챘다면 아주 뛰어난 알코올-뇌 전문가가 될 소양이 다분하다. 에탄올이 전전두엽 피질을 억제한다면 오히려 진실을 억제함으로써 거짓이 이어질 텐데 어떻게 취중진담이라는 표현이 성립할 수 있을까?

여기서 에탄올이 작용하는 또 다른 부위가 등장한다. 우측 하전두회right inferior frontal gyrus는 뇌의 우측 전면부에 자리하는데 억제와 인지, 주의 기능에 관여한다.[6] 에탄올의 이번 작용은 완벽히 다른 결과를 가져온다. 인체의 다양한 반응 시간이 지연됨은 물론이고, 여러 작동에 대한 오류율이 증가한다. 자연스레 치밀한 설계와 반응이 필요한 거짓말을 지어내는 과정은 어그러지게 된다. 술이 언제나 진실을 드러내는 것은 아니지만 거짓말을 하기 어렵게 만드니 취중진담이라는 말이 들어맞는다. 이로부터 생겨난 술의 별명이 '진실의 물약truth serum'이며, 같은 이름을 가진 와인이나 맥주 등도 판매되고 있다. 진실이라는 매력적인 단어에서 서로의 속마음을 풀어놓는 아름다운 용도를 떠올렸다면, 아쉽게도 이때의 진실은 자백을 일컫는 말로 사용되고 있다는 점을 강조하고 싶다. 어찌 보면 자백은 '진실 털어놓기'에 대한 조금 더 극단적인 표현이라 할 수도 있다. 물론 '자의적인 고백'이라는 표현과 달리 타의적으로 화학물질을 처리해 행동을 조절한다는 역설이 숨어 있지만 말이다.

자백제는 단어만으로 매우 효과적이며 편리해 보인다. 사회적·제도적으로 큰 반감을 갖는 사람의 본심을 드러내기 위한 물질로 여겨지곤 하지만 합법의 여부를 고민한다면 모호하다. 실제로 우리나라에서는 자백제 사용이 불법이며, 이를 통해 얻게 된 정보는 법정에서 증거로 채택되지 않는다. 영화〈해리 포터Harry Potter〉에는 단 세 방울로 무엇이든 털어놓게 만든다는 '베리타세룸veritaserum'이라는 물약이 등장하는데, 진리를 뜻하는 라틴어 'veritas'와 물약을 뜻하는 'serum'을 조합한 이름이다. 이런 상상을 불러올 만큼 자백제는 흥미로운 효과임이 틀림없다.

자백제의 작동 방식은 술과 똑같다. 인간의 인지 능력은 다양한 단계로 나뉜다. 미국 캘리포니아에 있는 란초로스아미고스국립재활센터Rancho Los Amigos National Rehabilitation Center에서 정립한 10단계의 인지 기능 척도를 참고할 수 있다.[7] 뇌 손상 환자가 부상에서 회복되는 동안 관찰되는 인지 및 행동 유형을 설명하는 데 사용되는 의료상 척도다. 10단계는 정상적인 수준으로, 완전히 독립적이며 복잡한 문제 해결과 다중 과제 동시 수행도 가능하다는 뜻이다. 단계가 낮아지면 인지 기능의 문제가 심화하는데, 7단계인 자동적-적절 단계에 들어서면 일상적인 활동을 자발적으로 수행할 수는 있지만 새로운 학습이 어렵고 대화에서 판단력이 부족하게 된다. 대부분의 가볍게 취한 상태를 7단계로 볼 수 있겠다.

5단계는 혼란-비협조 단계로, 자발적인 동작은 하지만 일관성이 부족하며 의사소통이 부적절하고 복잡한 작업은 불가능해진다. 4단계 이하에서는 집중력과 기억력이 사라지기 시작하며, 3단계에서는 간단한 명령의 수행과 질문에 대한 답변이 겨우 가능하다. 흔히 이야기하는 만취이자 취중진담이 본격적으로 준비된 시점이며, 자백제를 통해 형성하고자 하는 인지 기능 단계다. 여기서 더 낮아지면 심각한 문제가 발생하기 시작한다. 2단계에서는 턱을 움직여 씹고, 신음을 낸다거나 땀을 흘리는 정도의 반응만 가능하며, 가장 하위인 1단계에서는 통증에도 반응이 없는 무감각이 된다.

 자백제 중에는 이름을 들어본 물질이 많다. 예를 들어 진정제나 마취제로 사용되는 디아제팜Diazepam이나 케타민Ketamine, 수면 마취 유도제인 미다졸람Midazolam과 프로포폴Propofol 등이 대표적이다. 진정과 최면, 자백은 모두 같은 개념이며, 의식과 인지 기능을 낮춰 원하는 반응을 끌어내려는 목적을 갖는다. 펜토탈Pentothal은 자백제 사용이 허가된 국가에서는 지금도 사용되는 물질이다. 에탄올과의 유사성을 펜토탈의 작동 방식을 통해 이해할 수 있는데, 이 역시 GABA 수용체에 작용한다.

 술이 들어가면 평소에는 꺼리던 대화 주제를 꺼내거나 결단력이 필요한 상황에 과감한 결정을 내리기 쉬워진다. 이견이 있는 사람들 사이에서 부딪히기 쉬운 정치나 종교와 같은 논제를 가볍게 집어 들기도 하며, 도덕적 규범에 어긋한 행동과 결정이 시작된다. 인지 기능이 떨어지면서 언어 구사 능력과 기억력이 둔화된다. 재미있는 것은 이러한 상태에서도 많은 사람은 지금이 행복하거나 자유롭다고 느낀다는 점이다.

술은 행복을 만든다

닭이 먼저일까, 달걀이 먼저일까? 전통적인 질문이자 사건의 선후 관계의 중요성을 강조할 때도, 반대로 무의미함을 이야기할 때도 인용되는 문구다. 술로 조절되는 감정에 대해서도 화학물질이 만들어낸 생체 반응의 부산물 또는 찌꺼기일지, 반대로 행복하기에 술이 달콤하고 슬프기에 술이 쓴 감각 정보의 완성일지는 해석이 다양할 수 있다. 한 가지 확실한 점은 술을 마시면 분명 행복해진다는 것이다. 비록 큰 의미를 두었던 대회에서 입상하거나 목표한 일을 성공적으로 끝냈을 때의 거대한 기쁨이나 행복과는 강렬함의 차이가 있다. 하지만 우리의 뇌는 분명 행복감과 성취감을 느끼는 순간 터져 나오는 신경전달물질인 도파민을 에탄올로 인해 분비하기 시작한다.

이번에는 중뇌-변연계 경로 mesolimbic pathway를 에탄올이 활성화하기 시작한다.[8] 크게 복측피개영역 ventral tegmental area과 측좌핵 nucleus accumbens이라는 두 부분으로 구성되는데, 다채로운 영향을 종합할 수 있다. 복측피개영역에는 도파민 신경세포와 이를 억제하는 GABA 신경세포가 함께 머문다. 분명 알코올은 GABA 수용체를 활성화했지만, 이 과정에서 억제 기능이 억제된다. 전체적인 복측피개영역 도파민 신경세포의 활성 증가는 곧이어 측좌핵으로 도파민이 방출되는 결과로 이어진다.

측좌핵은 뇌의 보상 체계에서 핵심적인 역할을 하는 부분이다. 목표를 이루거나 특정한 화학물질(대부분 마약류)로 인해 도파민이 분비되거나 재흡수가 억제되면 강한 쾌감을 느끼게 된다. 재미있는 사실은 인간의 선한 측면으로 이야기하는 정의감 같은 감정도 기대와 목적이 성취되었을 때 작용하는 도파민의 결과이며, 위기의 극복이나 게임 등 놀이에 의한 도파민 분비도 같은 방식으로 작용한다. 그야말로 선과 악, 규범과 위법, 안전과 위험 모든 것이 종이 한 장의 앞면과 뒷면인 셈이다. 도파민만으로 모든 쾌감이 좌우되는 것은 아니다. 술에 의해 분비되기 시작한 도파민은 곧이어 베타$^\beta$-엔도르핀과 같은 내인성 오피오이드opioid, 아편성 화합물의 방출로 연결되어 스트레스를 줄이고 행복을 느끼게 한다.[9]

엔도르핀은 다시 한번 GABA 신경세포를 억제해 도파민 경로를 더욱 강렬하게 자극하며, 이 과정에서 알코올은 모르핀 등 마약성 아편류 화합물이 작용하는 뮤$^\mu$-오피오이드 수용체에 결합해 쾌감을 증폭한다. 물론 모든 자극이 한없이 긍정적일 수는 없다. 반복되는 자극에 적응하면서 민감성이 줄어들면 알코올 중독에 이르게 될 수 있다.

음주를 통해 경험하는 내려놓음은 자유로움과 해방감, 행복과 더불어 가둬두었던 진심을 드러낼 수 있도록 한다. 우리가 원하는 것은 어디까지나 이러한 긍정적 순간의 공유일 뿐이지 한계를 넘어선 고통의 순간이 아니다. 취했다는 표현으로 간단히 이야기했던 상태가 재활의학 분야에서 이야기하는 인지기능 단계의 저하임을 깨닫는다면 육체적·정신적 문제이기도 한 것이다.

  술을 통한 긍정적인 순간을 활용하려면 음주 습관을 의식적으로 통제하고 조절해야 한다. 한마디로 억제를 억제함을 위한 또 다른 억제가 요구된다. 술의 종류와 적절한 안주의 선택, 술을 마시는 방법, 알코올 분해와 숙취 해소 기능성 물질의 활용 등 술과 알코올은 오랜 시간 수없이 많은 임상과 과학적 해석을 통해 연구되어온 분야인 만큼, 우리에게 주어진 전략은 충분하다.

네 번째 잔은 오늘 우리의 행복과 용기에 건배!

다섯 번째 잔

술자리 전략 백서

처음엔 당신이 술을 마시고,
그다음엔 술이 술을 마시고,
그다음엔 술이 당신을 마신다.
―프랜시스 스콧 피츠제럴드 Francis Scott Fitzgerald

적당히! 가장 어려운 요구사항이다. 요식업이나 미용, 패션 등 누군가의 기호에 맞춰야 하는 직종의 사람들에게 '적당히'는 '잘', '보기 좋게', '아무거나' 등과 함께 가장 난감한 주문이 아닐까 싶다. 우리는 자신의 가치관과 상황에 따라 설정한 적정선을 스스로 지켜야 하는 순간을 하루에도 몇 번씩 마주한다. 일과 삶, 장난과 놀이, 운동, 소비 모든 곳에 적용되지만, 음주에서 적당히란 유독 더 어려운 요구사항이 아닐 수 없다. 적당히만 마실 수 있었다면 어제 마신 술의 여파에 허덕이면서 지금 이런 글을 쓰고 있지도 않았을 것이며, 술에서 시작되는 세상의 수많은 문제도 없었을 것이다. 그러니 사고방식을 바꿔보자. 어차피 적당히 마시지 못할 거라면 술 이외의 물질과 환경의 도움을 받아 어제의 나는 적당히 잘 대처했다고 선포할 수는 없을까?

안주에 대한 고찰

괜찮은 위스키나 와인을 마련했다면 술에 맞춰 간단한 안주를 곁들이는 정도로 큰 고민 없이 즐거운 시간이 시작된다. 하지만 대부분 저녁 식사에 가벼운 반주를 곁들이거나 흥을 이어가 반가운 사람과 본격적인 술자리가 되곤 한다. 상황에 따라 달라지지만, 우리가 지향해야 할 것은 술을 보조하기 위한 간단한 안주가 아닌, 술과 가장 잘 어울리는 음식의 조합이다. 솔직히 말하자면 모두의 취향을 만족시키기는 어려우니 목적은 단 하나, 만취하거나 몸에 무리가 가지 않게 적당히 좋은 술자리를 즐기기 위한 대책이다.

소주와 맥주는 우리가 흔히 접하는 한국인의 대표 술이다. 김구 선생님께서 강조하신 문화의 힘이 드러나는 요즘, 소주와 맥주를 혼합해서 조제되는 '소맥^{Somak}'이 고유명사화되어 국내외에서 선호된다. 소맥의 핵심은 소주일까, 맥주일까? 사과주스는 사과를 재료로 만든 주스이며, 딸기잼은 딸기를 재료로 만든 잼인 것처럼, 소맥의 정체성은 맥주에 있다. 물에 소금을 녹여 소금물이라는 용액solution을 만들 때, 최종적인 물질의 상태(고체, 액체, 기체 등)를 이루는 바탕 물질을 용매solvent, 용해되는 물질을 용질solute로 구분한다. 용액은 액체와 액체, 기체와 기체, 심지어 고체와 고체의 균질한 혼합에서도 사용되는 용어다. 지구 대기를 이루고 있는 공기는 질소 기체^{N_2}와 산소 기체^{O_2}, 그 외 다양한 기체로 이루어진 기체 용액이며, 녹슬지 않는 금속인 스테인리스강은 철^{Fe}과 크로뮴^{Cr} 등 금속원소들로 구성된 고체 용액이다. 이처럼 같은 상태의 물질로 이루어진 용액도 용매와 용질을 구분할 수 있는데, 간단히 말해 더 많은 양을 차지하는 요소가 용매이며 적은 것이 용질이다. 소맥이라면 이름 그대로 맥주 용매에 소주 용질이 균질하게 섞여 만들어진 술인 셈이다. 맥주와 같은 양 혹은 더 많은 양의 소주를 넣는 취향의 사람들은 소맥 대신 '맥소'라 부르는 것이 화학적으로 옳다. 그러니 소맥을 말아주겠다며 장난삼아 더 많은 양의 소주를 넣는 만행을 저지르지 말고 당당히 맥소를 대접하겠다고 제안해보자.

    비율을 조절하면 다양한 맛과 향, 도수의 술을 만들 수 있으니 두 극단적인 재료인 소주와 맥주에 알맞은 안주가 무엇일지를 기준으로 생각해보자. 소주를 비롯해 어느 정도 알코올

농도가 높고, 그래서 에탄올 특유의 쌉쌀한 맛이 두드러지는 술을 마신다면 국물 요리를 선택하는 것이 좋다. 알코올로 인한 식도와 위의 자극을 완화해주고, 국물 속의 높은 나트륨 함량이 술맛을 더 부드럽게 느껴지도록 한다. 흔히 짠맛으로 대표되는 국물의 미각은 술이 만들어내는 쓴맛의 전파를 실제로 감소시킨다. 쓴맛은 T2R이라는 수용체로부터 시작되는데, 흥미롭게도 나트륨 이온은 T2R 수용체의 신호 전달을 약화시키는 효과가 있다. 일시적으로 쓴맛 신호 경로를 둔화시켜 정보를 차단하는 셈이다.

특유의 탄산과 고소한 풍미가 있는 가벼운 느낌의 맥주라면 맥주의 상쾌함을 살릴 수 있는 안주가 좋다. 치킨을 비롯한 튀김 요리는 맥주의 탄산이 기름기를 씻어내 입안을 상쾌하게 하는 감각을 만들기도 하며, 견과류나 육포 등 고소하거나 짠맛의 마른안주는 맥주의 맛을 끌어올리고 풍미를 살린다. 아마 관습적으로도 탕에는 소주, 튀김에는 맥주라는 정형화된 공식이 모두에게 자연스러운 선택지였을 듯싶다. 한국인의 이 완벽한 술과 음식의 조합이 자리 잡게 된 것에는 수많은 선구자의 시도가 배어 있기 때문이리라.

다른 유명한 술과 음식의 조합은 와인에서 드러난다. 널리 알려져 있기로 레드와인은 육류와 궁합이 좋고 화이트와인은 해산물이 단짝이라 한다. 물론 취향에 따라 이견이 있을 수 있지만 화학 분자 수준에서 생각한다면 충분히 설명할 만한 조합이다. 레드와인은 탄닌tannin이라는 분자의 농도가 매우 높아 떫고 드라이한(텁텁한) 느낌을 갖는 경우가 많다. 탄닌은 포도 껍질이나 씨앗, 줄기에서 추출되는 물질로, 혀를 비롯한 다른 물체의 표면을 코팅하기도 하는 폴리페놀polyphenol 계열의 성분이다. 카카오나 커피에 함유된 폴리페놀류가 어두운 색상과 더불어 체내에서 항산화 효과를 보이는 유익한 물질로 구분되는데 탄닌 역시 마찬가지다.[1]

육류, 특히 붉은 고기에는 단백질과 지방 함량이 높다. 흔히 마블링marbling이라고 불리는 근육 속 지방은 콜라겐collagen으로 연결되며 기름지고 깊은 맛과 향을 만들어낸다. 육류의 단백질이 탄닌과 결합해 떫은맛을 줄이고 와인의 질감을 더 부드럽게 만든다. 또한 지방은 레드와인의 쌉쌀한 맛과 깊이 깔린 산미를 중화해서 풍부하고 화려한 과일 향을 더 강하게 느끼게 한다.

반대로 산도가 높으며 신선한 과일 향이 있는 화이트와인은 탄닌 함량이 적거나 거의 없어 질감이 가볍다고 묘사된다. 새콤한 맛이 강해 입맛을 돋우는 효과가 있어 식전주로도 가볍게 즐기곤 한다. 해산물에는 염분과 더불어 감칠맛을 좌우하는 아미노산이 다량 함유되어 있는데, 산도가 높은 화이트와인이 해산물의 맛과 어우러져 신선하고 깔끔한 뒷맛을 조성한다. 이를 고려한다면 탄닌 함량이 낮은 피노 누아$^{Pinot\ noir}$ 품종의 레드와인은 오히려 섬세한 해산물 요리와 어울리고,[2] 오크통에서 숙성한 샤르도네^{Chardonnay}와 같은 화이트와인은 묵직한 질감이어서 닭고기와 즐기면 더욱 좋다.[3]

위스키와 음식의 궁합은 맛과 향의 풍미, 입안에서 느껴지는 질감을 고려해 선별된다. 알코올 함량이 높다면 기름진 음식이나 단백질이 풍부한 음식과 균형이 좋으며, 복합적인 향을 가졌다면 섬세한 음식에 적합하다. 특히 구아야콜 등 훈연으로 향이 강해진 피트 위스키$^{peat\ whisky}$는 생선회나 굴 같은 해산물 또는 다크 초콜릿 등과 먹기 좋고, 대부분의 싱글 몰트위스키는 육류나 건과일에 좋다. 고민해본 주종 외에도 막걸리나 사케, 고량주 등 아름다운 술의 종류는 수없이 많다. 새로운 조합을 시도해보는 즐거움은 술자리를 함께하며 속내를 털어놓고 즐거움을 나누는 시간에 앞서 가장 완벽한 분위기를 만드는 데 도움이 된다.

술은 안주를 부른다

시작이 반이라는 말은 술자리를 잘 표현한다. 들뜬 마음으로 모여 고심 끝에 안주를 주문하고 기다리며 한 잔, 음식과 함께 한 잔, 이야기를 나누며 또 한 잔을 나누는 술자리의 시작은 가장 즐거운 시간이다. 물론 이어지는 웃음소리로 가득한 시간 역시 소중하지만, 그렇게 평화로이 끝나지 않는 경우도 많다는 사실을 고려한다면 흐릿하고 왜곡된 기억으로 남겨질 시간보다는 시작이 절반 이상의 가치가 있는 셈이다.

혹시 술자리 도중 입이 쓰거나, 풀리지 않는 듯한 갈증 때문에 탄산음료를 챙겨 먹었다거나, 술을 깰 겸 귀갓길에 아이스크림을 하나 물고 걸어본 기억은 어떤가? 예상보다 많은 음식을 계속해서 주문해 먹거나 다음 날을 위한 해장을 빙자해 편의점에서 컵라면 하나를 사 들고 가득 찬 배에 자신도 모르게 욱여넣었던 기억이 있다면 극히 정상이라 위로해주고 싶다. 취기와 함께 걷잡을 수 없이 커지는 식욕의 비밀은 에탄올이 뇌의 억제와 사고 기능뿐만 아니라 신체 전반에 큰 영향을 미치는 데 있다. 몸속으로 들어간 에탄올이 어떤 과정을 거쳐 대사되는지 따라가볼 때가 되었다.

우리는 딱 3가지 종류의 화합물을 기억하면 된다. 지금까지 이야기의 주인공이었던 에탄올, 에탄올이 변화해 생성되는 아세트알데하이드^{acetaldehyde}, 대사의 최종적인 산물인 아세트산$^{acetic\ acid}$이다. 아세트산은 고체나 액체의 상태가 변환되는 녹는

점melting point이 16.6℃에 불과해서 쌀쌀한 늦가을이나 겨울에는 상온에서 얼음처럼 하얗게 굳은 채 유지된다. '빙초산氷醋酸'이라는 별명으로 불리는 이유가 여기 있다. 신맛이 나는 아세트산을 물과 혼합해 먹을 수 있을 정도의 농도로 묽히면 식초가 되며, 우리가 사용하는 사과식초를 비롯한 모든 식초의 공통적인 성분이다. 이와 달리 상당히 강한 독성을 갖는 물질인 아세트알데하이드에 노출되면 급성으로는 눈과 피부, 호흡기 질환을 일으키며, 만성적인 노출은 기억력 저하와 운동 실조, 졸음, 간 손상부터 암의 발생까지 이어진다. 눈치챘을지 모르지만, 아세트알데하이드의 만성 노출 증상은 알코올 중독과 유사하다.[4] 반복적인 음주가 만드는 문제가 에탄올 때문이 아니라 대사 산물인 아세트알데하이드 때문임을 짐작할 수 있다. 만약 에탄올이 발암 등 극심한 부작용을 유발했다면 생명의 물로 불리는 일은 물론이고 소독을 위해 의료 분야에서 사용되고 있었을 리 만무하다.

인간을 비롯한 생명체에는 물질의 대사와 변환을 가능한 범위로 제어해주는 효소라는 생물질이 여럿 있다. 이 문장에서는 몇 가지 중요한 요소를 찾아볼 수 있다. 먼저 생명체에는 무한한 시간이 허락되지 않는다. 하루살이에는 단 하루 남짓한 시간이 전부이며, 인간 역시 80~100여 년이 생애라는 단어로 요약된다. 만일 화학 반응이 항상 매우 오랜 시간을 들여야만 가능한 것이라면 이제껏 45억 년이 넘는 지난한 시간을 보내고 있는 지구에는 무리가 없겠지만 우리에게는 아니다. 매초 뛰는 심장 박동과 쉬지 않고 들이쉬고 내쉬는 호흡, 하루 몇 차례씩 섭취하는 음식과 주어진 시간의 1/3가량을 할애하는 수면까지 모든 것이 적절한 주기로 이루어져야만 생명을 유지할 수 있다. 결국 생명체에는 가용 시간 수준에서 화학 반응이 일어나도록 만드는 특별한 장치가 필요하며, 그 역할을 효소라는 복잡하게 접힌 단백질 덩어리가 맡는다. 예를 들어 유전물질을 이루는 가장 중요한 조각의 일부를 만드는 오로티딘 5'-인산 탈탄산효소$^{\text{orotidine 5'-phosphate decarboxylase}}$는 7,800만 년이라는 화학 반응 시간을 단 0.018초 만에 완료되도록 만든다. 약 100,000,000,000,000,000배(10경 배)라는 상상할 수 없을 정도의 가속이 이루어지는 것이다.[5] 효소의 종류는 다양하다. 하나의 효소가 여러 화학 반응에 모두 관여한다면 선택성 있는 정밀한 조절이 어려워진다. 이 때문에 기질 특이성$^{\text{substrate specificity}}$을 갖는다고 일컬어지는 효소의 중요한 특징이 필요해진다. 포도당을 산화시킬 수 있는 효소는 포도당처럼 탄소가 6개인 또 다른 당 알로스^{allose}, 알트로스^{altrose}, 만노스^{mannose}, 굴로스^{gulose}, 아이도스^{idose}, 갈락토스^{galactose}, 탈로스^{talose} 중 무엇도

제대로 산화시킬 수 없다.[6] 물질의 종류만큼 서로 다른 효소가 자신의 역할을 하며 복잡한 우리 몸과 생명 반응을 제어한다.

섭취된 에탄올을 대사하는 데도 효소가 필요하다. 알코올 탈수소효소는 에탄올에서 수소를 떼어내 아세트알데하이드로 바꾼다. 아세트알데하이드의 대사에는 또 다른 효소가 필요하며, 이번에는 알데하이드 탈수소효소^{aldehyde dehydrogenase, ALDH}의 도움으로 산소가 하나 추가되어 아세트산으로의 여정이 끝난다. 제아무리 효소의 도움이 있다 해도 대가 없이 이루어지는 일은 없다. 그것이 가능했다면 많은 사람이 상상하는 무한동력이나 다름없다. 그 이름도 길고 복잡한 니코틴아마이드 아데닌 다이뉴클레오타이드^{nicotinamide adenine dinucleotide, NAD}라는 물질이 알코올 대사의 원동력이다. NAD는 수많은 생화학 반응에 참여하는 분자이며, 흥미롭게도 모든 살아 있는 세포에서 발견된다. 혹시라도 담배 성분으로 유명한 '니코틴'이라는 단어의 공통적인 사용에 혹해 흡연도 인체에 중요 물질을 공급하는 과정으로 오해하지는 말자. NAD의 니코틴이라는 표현은 비타민B$_3$를 뜻하는 나이아신^{niacin}에서 유래한 니코틴아마이드라는 화학 구조일 뿐, 담배류 식물이 합성하는 중추신경 작용 알칼로이드인 니코틴과는 다르다.

NAD는 에탄올이 아세트알데하이드로, 다시 아세트산으로 바뀌는 과정에서 수소를 떼어내는 역할에 참여한다. 그렇다면 다시금 수소를 제거해 처음과 같은 NAD로 되돌려야만 계속해서 작업할 수 있다. 이 과정에 사용되는 물질이 당의 한 종류인 과당이다. 하지만 우리가 먹는 밥과 빵 등 많은 음식은 포도당으로 이루어져 있는데 과일 등을 통해 과당을 추가로 공급해야만 할까? 다행히 포도당과 과당 모두 여섯 개의 탄소로 이루어진 당 분자여서 체내에서는 포도당을 과당으로 바꾸는 다단계 반응이 가능하다. 자연스레 알코올을 분해하고 제거하려면 당이 소모되며, 우리 몸은 부족해진 당을 외부에서 공급받길 원한다. 술을 마시는 동안 계속해서 식욕이 높아지고 고기나 채소보다는 밥과 면, 군것질을 찾게 되는 이유다.

꿀물과 숙취와 설사

심한 숙취를 해결하는 데 사용되는 전통적인 민간요법으로 꿀물이 유명하다. 속 개운하게 꿀물 한잔하라는 권유를 받을 때마다 과연 이 달콤하기만 한 음료가 도움이 되는지 반신반의하게 되지만, 결론부터 이야기한다면 효과가 있다. 그것도 매우 확실한 수준이다. 꿀물에는 포도당과 더불어 많은 과당이 함유되어 있기 때문이다.

과당은 실제로 알코올 분해 효과가 있을까? 과당의 기능에 관한 이야기가 자주 들리지 않는 것은 이미 확실하다고 판명되어서 1990년 이후 추가적인 연구나 실험이 이루어지지 않기 때문이다. 성인 45명을 대상으로 한 연구 결과를 하나 소개한다. 체중 1kg당 20% 에탄올 1g을 투여해 혈중알코올농도를 높이고 곧이어 체중 1kg당 1g의 과당을 복용시켰을 때 어떤 변화와 증상이 일어나는지 추적 연구한 결과, 놀랍게도 알코올에 취해 있는 기간이 30.7% 단축되었다는 결과가 보고되었다. 전체적인 알코올 대사 속도 역시 사람에 따라 각각 다르기는 해도 최소 44.7%에서 최대 80% 빨라졌다.[7] 사실상 술이 1.5배 이상 빠르게 깰 수 있다는 의미다. 심지어 사람이 아닌 쥐 등 동물을 대상으로 실험했을 때는 2배 이상 빠른 해독도 관찰되었다.

 과당의 훌륭한 역할 뒤에 숨겨진 몇 가지 부작용이 궁금하다면 진탕 술을 마신 다음 날의 경험을 떠올리면 된다. 체내에서 과당이 알코올 분해에 투입된 연료의 잔여물인 NAD^+를 복구하며 변화해 만들어지는 결과물은 소르비톨^{sorbitol}이라는 당 분자다. 이번에도 6개의 탄소로 이루어져 큰 차이가 없을 듯하지만, 고리 형태로 연결된 포도당이나 과당과는 달리 소르비톨은 긴 사슬 형태다. 소르비톨이 독성을 갖는 위험한 물질은 전혀 아니지만, 우리 몸은 소르비톨을 원하지 않는다. 다른 당처럼 흡수하고 에너지원으로 사용하기에는 효과가 없어 처리되지 못한 채 소화기관을 통해 배출된다. 다만 그 과정에서 삼투^{osmosis}라는 화학 평형의 영향이 문제를 일으킨다.[8]

자연은 언제나 평형을 이루거나 더 안정해지는 방향으로 흘러간다. 높은 곳의 돌이나 물이 낮은 곳으로 떨어지거나, 뜨거운 물체와 차가운 물체가 맞닿는다면 열이 이동하며 그 중간 어디쯤의 온도로 맞춰진다. 화학물질의 농도 역시 마찬가지다. 높은 농도의 환경, 즉 무언가 진하게 녹아 있는 용액은 주위의 농도가 낮은 용액과 맞춰진다. 용질보다는 더 높은 비율을 차지하고 액체 상태로 자유롭게 움직이는 용매가 이동하는 것이 더 편리하다. 소금물에 담아둔 채소가 쪼그라들어 절임이 되는 것도 채소 내부의 물이 높은 농도의 외부로 이동하기 때문이며, 이 현상이 바로 삼투다.

인체에서 농도를 맞추기 위해 이동할 수 있는 용매는 바로 물이다. 소르비톨로 인한 대장 내 높은 화학물질 농도를 완화하려고 외부에서 다량의 물이 흡수되어 들어온다. 그 결과는 대표적인 과음 후유증인 끝없는 설사다. 술 없이 체험해보고 싶다면 서양 자두인 프룬^{prune} 주스를 시원하게 마셔보면 간단하다. '천연 설사 유발제'라는 별명으로도 불리며, 단순한 과일 주스라 생각해 여행 중 휴게소에서 사 먹었다가는 커다란 재앙을 불러올 수 있는 식품이다. 프룬 질량의 무려 15%가 소르비톨이기에 장에서 수분을 흡수해 강제로 쾌변을 만들어낸다.

숙취를 빠르게 해소하려면 병원에 방문해 수액을 맞는 것도 좋다. 알코올 분해 과정에서 NAD^+가 수소를 낚아채며 만들어지는 NADH가 포도당의 합성 과정을 방해하기 때문에 혈당이 일시적으로 떨어져 어지럼증이나 구토감, 피로감이 발생한다.[9] 포도당 수액은 이러한 상태를 해소하며, 음주 다음 날 시원한 탄산음료가 생각나는 것 역시 몸이 과당 공급을 원하는 데서 발생한다.

또 다른 숙취 후유증은 근육 통증이나 몸살 증상이다. 소르비톨이라는 결과물을 내는 경로 외에 알코올을 분해하려고 과당을 사용하는 또 다른 경로도 있다. 문제는 그 최종적인 결과가 젖산 혹은 유산 lactate 이라 부르는 작은 산성 물질이라는 것이다. 유산균이라는 친숙한 이름으로 이 물질에 관련된 미생물을 거론하기도 하며, 근육의 무산소 운동에서 발생해 쌓이기도 한다. 과거에는 젖산이 근육통의 직접적인 원인이라 배우곤 했지만, 2000년 이후부터는 젖산이 직접적인 근육통 원인이 아니라고 소개된다. 물론 숙취의 경우에는 알코올 분해 과정에서 발생하는 혈중 젖산 농도가 높아져 젖산 산증 lactic acidosis 을 일으켜 통증과 함께 독소로 인한 세포 대사 장애가 발생한다.[10]

여하튼 음주 후 충분한 양의 과당을 섭취하면 빠르게 회복될 듯싶지만 이 역시 주의가 필요하다. 가장 쉽게 과당을 공급하는 방법은 탄산음료를 들이키거나 달콤하지만 저렴한 군것질거리를 즐기는 것이다. 성분표를 자세히 다시 읽어본다면 액상과당high fructose corn syrup이 눈에 띌 것이다. 액상과당은 옥수수 전분을 이용해 만든 시럽으로, 저렴하게 과당을 첨가할 수 있어 가공품에 흔히 사용된다. 하지만 과당과 알코올을 함께 먹으면 대사 장애가 발생할 위험성이 높아지며, 인슐린 저항성이 높아지는 X 증후군syndrome X과 이상지질혈증dyslipidemia의 발병률이 증가하며 간 손상이 촉진된다는 측면이 있다.[11] 술이 당뇨의 원인으로 여겨지는 것은 에탄올이 인슐린 신호 전달을 방해해 간의 인슐린 민감성을 낮추기 때문이다. 문제는 과당 역시 혈당을 급격히 올리는 대신 간에서 지방으로 전환되는 역할을 한다. 인슐린 저항성이 증가해 2형 당뇨병으로 이어지곤 한다. 무엇보다 쓴 술을 더 맛있게 즐기고자 탄산음료와 섞는 경우도 많은데, 합성 감미료로 단맛이 채워진 제로 음료를 사용할 예정이 아니라면 간과 췌장을 온전히 보전하기 위해 자제하자.

다섯 번째 잔은 술을 깨우는 달콤함에 건배!

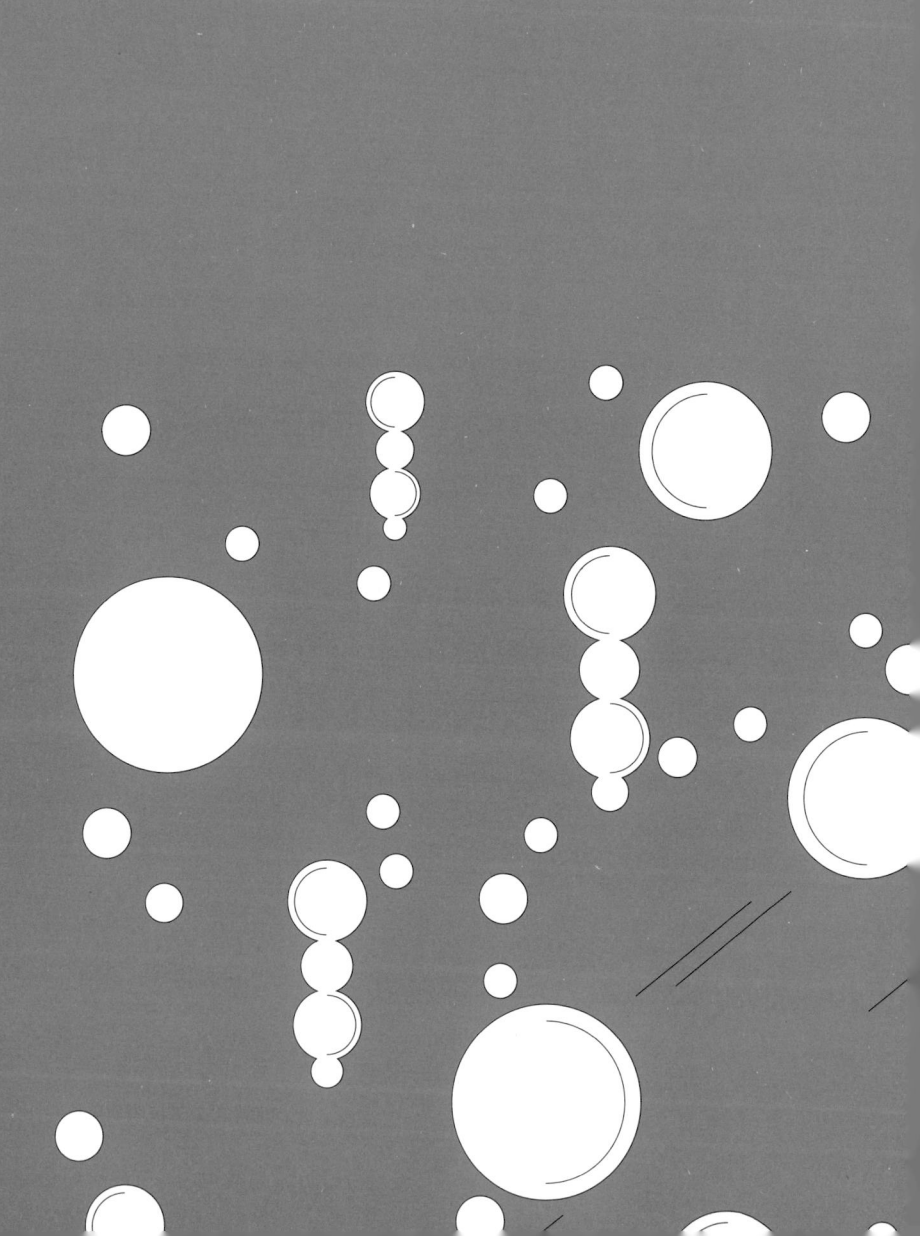

여섯 번째 잔

어두운 술은 숙취가 심하다

예술은 자연을
모방하는 것이다.
— 아리스토텔레스 Aristoteles[1]

인간은 자연의 일부인 만큼 모든 것을 자연으로부터 채취해 활용하는 데서 문명이 시작되었다. 나뭇가지로 불을 피웠고 돌을 주워 무기로 사용했다. 이윽고 흙으로 토기를 빚고 구리와 주석^{Sn}이라는 금속을 만나 청동기를 꽃피운다. 이후로도 철의 사용에서 규소^{Si}를 이용한 반도체 문명의 도래까지, 자연은 우리를 지탱하는 기반 그 자체다. 우리는 자연에서 벗어나 자신의 창의성으로 고도 문명을 만들어 다음 단계로 나아갔다고 생각하지만, 영감의 원천이자 모방의 대상은 언제나 자연이었다. 술 역시 마찬가지다. 자연적인 미생물의 발효에서 만들어진 술을 모방하는 행위가 매력적인 수많은 술의 탄생 배경이었다. 그렇다면 다음 단계는 어디일까?

아스파탐과 첨가물

  술의 종류만 고려해 마시고 싶은 걸 구매하기에는 선택지가 너무 넓다. 부슬부슬 내리는 비에 왠지 가볍게 감자전을 부쳐 막걸리 한잔을 하며 주말을 보내고 싶어도 진지하게 미리 고민을 시작해야 한다. 만약 시간이 넉넉해서 완벽한 한 병을 마련하려면 예상을 아득히 뛰어넘는 막걸리 종류를 마주할 수 있다. 막걸리는 한국의 가장 대표적인 민속주인 만큼 지역별 특산물과 전통 방식으로 빚어진 막걸리의 종류는 무려 1,000여 종을 넘을 만큼 다양하다고 한다. 여기에는 발효시킨 원재료가 무엇인가에 따라 남겨지는 다양한 풍미도 관여한다. 공주의 알밤 막걸리나 우도의 땅콩 막걸리는 고소한 맛이 살아 있고, 가평의 잣 막걸리는 명작의 반열에 든다고 생각하며, 상큼한 맛을 추구하는 제주도의 감귤 막걸리와 광양의 매실 막걸리, 청송의 사과 막걸리도 흥미롭다. 그 외에도 봉평의 메밀 막걸리와 울릉도의 호박 막걸리도 지역색을 살린 좋은 술이다. 개인적으로 좋아하는 것은 강원도의 옥수수 동동주다.

  술자리에서 막걸리와 동동주가 엄연히 다르다고 단호하게 판결하는 '음주 대법관'들이 있지만, 둘 다 쌀을 발효해서 만든 술이며 약간의 차이만 있을 뿐이어서 동동주를 막걸리의 한 종류로 보는 경우도 많다. 이야기가 나온 김에 비교해보자. 마실 때의 질감으로 연상할 수 있듯 막걸리는 발효 과정에서 체로 한 차례 걸러내기에 입자가 곱고 부드러우며, 동동주는 이 과정이 생략되거나 간략화되어 있기에 쌀알이나 곡물이 술 위에 떠 있는 경우도 많다. 동동주라는 이름도 쌀알이 동동 떠다니는 모습에서 유래했다. 보편적으로 동동주의 알코올 도수가 더 높으며 맛과 향이 강하고 깊다.

유통과 물류 체계가 발달해 전국 각지의 물품을 다음 날 받아볼 수 있고 전통주에 대해서는 온라인 구매까지 허용되어 있지만, 정보를 얻는 데는 한계가 있다. 지금껏 이야기한 다양한 막걸리는 현지에서 즐겨야 최고의 맛을 느낄 수 있다. 이와 더불어 세대에 따라 변하는 입맛이나 열량과 체중 관리 요소를 위한 제로 음료처럼, 추구하는 가치에 따라 전통주의 다양화 과정에서 첨가제가 적극적으로 활용되기 시작했다. 그 시작은 아스파탐[aspartame]이다.

아스파탐은 다양한 식품에 사용되는 감미료 중 하나다. 최근 아스파탐의 발암 가능성에 대한 세계보건기구[WHO] 산하 국제암연구소[IARC]의 발표로 세계적인 소란이 일기도 했다. 이 기회에 정리하자면, 아스파탐이 암을 유발할 가능성이 있다는 분석은 거짓이 아니지만, 가능성이 있음은 일반적으로 문제없음을 의미한다. 과학에서 100% 혹은 0%로 구분되는 절대적인 판단은 흔치 않다. 아주 작은 가능성이라도 있다면 조건에 따라 성립할 수 있기에 과학자들은 단언하지 않고 가능성이 있다고 이야기한다. 2023년 7월 14일 기준으로 아스파탐이 속하게 된 발암물질 2B군은 '발암 가능성이 있지만 인체에 대한 연구가 제한적이고 동물 실험 자료가 충분하지 않아 증거가 없음'을 의미한다.[2] 그럼에도 위험성을 무시할 수 없는 것은 아닌가 하고 걱정된다면, 우리가 매일 먹는 김치나 단무지 등의 절임 채소들, 고사리, 알로에베라 추출물, 자기장, 커피 등도 2B군에 속한다. 확실한 발암성이 있는 1군에는 흡연이나 방사선 외에도 가공육, 경구 피임약, 미세먼지, 우리가 이야기하고 있는 술이 포함되며, 아스파탐보다 위험한 발암 가능성이 있는 물질인 2A군에는 65℃ 이상의 뜨거운 음료 모두와 야간 근무, 교대 근무, 고기, 튀김 등이 속한다.

  아스파탐이 아닌 다른 인공 감미료도 여럿 있다. 하지만 쉽사리 예상할 수 있듯 먹을 수 있을 정도로 안전하고 장기적인 독성도 보이지 않으면서도 설탕보다 달콤한 맛을 갖는 물질을 인위적으로 만드는 일이 절대 간단할 리 없다. 몇 가지 흥미로운 사례를 소개한다면 한동안 유해 물질이라는 오해를 받아왔던 사카린saccharin은 한 대학원생이 감미료로서의 가치를 우연히 발견했다. 그는 실험 후 손을 제대로 씻지 않고 저녁 식사를 하게 되었는데 빵에서 예상치 못한 단맛을 느끼게 된다. 그래서 참된 과학자의 자세로 손과 옷을 즉시 핥아보고 실험실에 가서 합성한 물질을 직접 먹어보기까지 하며 달콤함의 유래를 찾아낸다. 사이클라메이트cyclamate라는 감미료 또한 실험실에서 담배를 피우던 연구자가 탁자 위에 잠시 담배를 올려뒀는데, 다시 입에 가져다 대니 그새 묻은 화학물질에 의해 강렬한 단맛이 느껴지며 발견된다. 수크랄로스sucralose의 발견은 한물 간 농담집에서나 보일 법한 수준인데, 영어를 잘 알아듣지 못하는 외국인 연구원에게 시험해보라test 지시했으나 이를 맛보라taste고 알아들어 손가락에 찍어 입에 넣었다가 전혀 예상치 못했던 달콤함을 발견하게 된다. 사실 아스파탐 역시 마찬가지다. 손가락에 침을 묻혀 종이를 넘기는 습관이 있던 연구자가 실험 보고서를 읽다 달콤함을 느껴 발견하게 된다. 이처럼 모든 인공 감미료는 연구실 안전과는 거리가 먼 방식으로 우연히 세상에 드러났다.[3] (당연히 실험실에서 흡연이나 취식을 하면 폭발 사고와 화학물질 중독으로 이어질 수 있어, 절대 금지되어 있는 행위임을 명심하자.)

인공 감미료는 설탕에 비해 압도적으로 강한 단맛을 낸다.

아스파탐은 설탕보다 200배나 달아서 적은 양으로도 갖은 수준의 단맛을 만든다. 무엇보다 아스파탐은 가장 오랜 기간 안정성을 추적 연구하고 있는 물질이어서, 이를 설탕이나 액상과당 이외의 단 물질로 교체하는 것은 오히려 더 큰 위험성을 갖는 셈이다. 아스파탐이라는 이름에서 복잡한 화학물질을 떠올리기 쉽지만, 이는 우리 몸의 근육을 구성하는 안전한 물질인 아미노산(amino acid)들로 이루어진 감미료여서 체내에서 분해 및 흡수가 가능하다. 물질의 일일 섭취 허용량(acceptable daily intake, ADI)이라는 수치가 등장하면 조금 더 마음을 놓을 수 있다. 일일 섭취 허용량은 단순히 먹었을 때 몸에 문제가 발생하지 않는 한계량이 아닌, 평생 섭취해도 해로운 영향이 나타나지 않는 조건을 기준으로 1일 최대 섭취량을 뜻한다. 아스파탐의 경우 체중 1kg당 40mg이며, 만약 60kg의 성인이라면 하루 2,400mg까지는 문제없다. 과당 대신 아스파탐으로 단맛을 만드는 제로 콜라를 기준으로 한다면 하루에 250mL짜리 캔 56개를 먹기까지는 안전하다.

아스파탐 이야기를 이어가는 것은 이제는 술에도 사용되는 감미료이기 때문이다. 에탄올 자체는 쓰고 자극적인 맛을 낸다. 소주를 처음 마셔보는 사람이 술을 매우 쓰고 불쾌한 음료로 여기는 이유다. 알코올의 쓰고 날카로운 맛을 줄여 부드럽게 마실 수 있도록 감미료를 첨가하는 과정에서 열량과 생산 비용을 함께 낮출 방법을 고려한다면 자연스레 아스파탐이 선택된다. 그런데 소주에 원래 단맛을 내는 성분이 포함되어 있었을까?

어디서나 판매되는 녹색 혹은 하늘색 유리병에 담긴 희석식 소주와 달리 전통 방식의 증류식 소주는 독특한 향을 갖는다. 전통 소주는 쌀, 보리, 고구마 등 곡물의 발효와 증류 과정에서 효모에 의해 당분이 모두 소모되어 없지만, 발효 과정에서 생성되는 부산물에 주목할 수 있다. 젖산 에틸$^{\text{ethyl lactate}}$은 약한 단맛을 내는 물질로 소주에 포함된 정도의 적은 양으로는 흐릿한 우유 향과 함께 크림 같은 단맛을 낸다. 또한 발효에서 발생하는 유기산과 에탄올 간에 이루어지는 에스터화^{esterification}는 사과나 배가 떠오르는 싱그러운 과일 향의 초산 에틸$^{\text{ethyl acetate}}$을 만들어 전통 소주의 화려한 향을 만든다.

중국 술인 고량주의 향도 같은 원리로 만들어진다. 고량^{高粱}은 수수^{sorghum}를 뜻하는데, 수수는 미생물 발효 과정에서 4개의 탄소로 이루어진 뷰티르산$^{\text{butyric acid}}$을 다량 만들게 된다. 이어지는 에스터화 반응은 파인애플 향 화합물인 에틸 뷰티레이트$^{\text{ethyl butyrate}}$를 형성해 고량주 특유의 향이 만들어진다.[4] 높은 농도에서는 쏘는 듯한 강렬한 향이지만 묽게 희석하면 우리가 기억하는 향긋한 파인애플 향으로 느껴진다. 이를 활용해 고량주와 맥주로 혼합주를 만들 수 있으며, 시도해본다면 아주 좋은 파인애플 향의 술을 맛볼 수 있다.

첨가물과 동류물

이제는 소주나 막걸리 등 여러 술 성분표에서 아스파탐이 함유되었다는 정보를 쉽게 찾아볼 수 있다. 아스파탐이 안전하다고 여겨지지만, 모든 물질에는 민감성이나 면역 반응(알레르기)을 일으키는 사람들도 존재하듯 언제나 예외는 있다. 물론 그 정도로 극단적인 사례를 제외해도 깊이 있는 달콤함으로 묘사되는 설탕과는 달리 다소 공허하고 가볍게 느껴지는 인공 감미료의 단맛은 기피되곤 한다. 이를 인위적인 단맛이라 표현하는데, 말 그대로 인공적으로 만들어진 물질의 단맛이자 사람 혀의 단맛 미각 수용체에 대한 결합 방식도 다를 테니 당연한 표현인 셈이다. 막연히 아스파탐과 같은 인공 감미료에 대한 거부감이 있는 사람들에게는 반갑지만은 않을 소식이다.

그래도 아스파탐은 안전하다. 아스파탐 때문에 인공 감미료를 넣은 술을 마신 다음에는 숙취가 더 강하게 나타난다는 이야기는 단순히 기분 탓이다. 아미노산인 아스파탐이 숙취의 원인인 아세트알데하이드 발생을 촉진하는 효과는 없으며, 단순히 전날 흥을 이기지 못하고 술을 많이 마신 것은 아닐지 기억을 되짚어보길 바란다.

하지만 실제로 숙취를 더 강하게 만드는 첨가물도 있다. 부정적인 효과가 있는 것을 알았다면 첨가하지 않으면 될 터인데 왜 굳이 넣었을까? 정확히는 술이 만들어지는 발효 과정에서 향을 내는 초산 에틸이나 에틸 뷰티레이트 같은 부산물이 자연스럽게 함유된다. 이를 동류물^{congener}이라 한다. 동류물은 술에 포함된 에탄올 이외의 성분을 종합적으로 가리키는데, 조금 더 친숙한 단어로는 착향료가 있다. 인공적으로, 혹은 합성해 제조 과정에서 별도로 첨가하는 착향료가 아닌 생산 과정에서 자연적으로 발생하는 착향료인 셈이다. 가장 흥미롭고 화학적·역사적인 방식으로 첨가되는 동류물은 멕시코의 대표적인 술 테킬라^{tequila}에서 찾아볼 수 있다.

테킬라는 우리나라의 소주처럼 멕시코 전역에서 생산되는 흔한 술이라 생각되지만, 안동소주처럼 전통적으로 술을 빚던 지역이 구분되어 있듯 특정 지역에서 유래한다. 멕시코 서부 할리스코^{Jalisco}주에 테킬라^{Tequila}라는 마을이 있으며, 이름에서 느껴지듯 테킬라라는 술의 시작점이다. 정확히는 테킬라를 만드는 필수 재료가 적합한 토양과 고도, 주변 환경을 갖춘 테킬라 마을 인근에 서식하기 때문이다. 현재도 테킬라가 생산되는 지역은 할리스코주, 맞닿은 나야리트^{Nayarit}, 미초아칸^{Michoacán} 및 영화 〈코코^{Coco}〉의 배경이기도 한 과나후아토^{Guanajuato}주 일부에 국한되어 있다.

    테킬라에 대한 흔한 오해는 멕시코에서 연상되는 자연경관으로 말미암아 테킬라가 일반적인 선인장으로 담그는 술이라는 인식이다. 조금 너그럽게 생각한다면 선인장도 다육식물의 일종이고 테킬라의 주재료인 푸른용설란$^{blue\ agave}$도 다육식물에 속하기에 틀린 말은 아니라 할 수도 있겠지만, 쌀과 보리, 수수로 빚는 술을 엄격히 구분하는 것처럼 테킬라에 대해서도 정확히 기억하는 편이 좋겠다. 외형만 본다면 조금 더 친숙한 알로에베라가 떠오르지만, 푸른용설란은 알로에와도 완전히 다르다.

    테킬라의 역사는 멕시코 지역 고대 국가인 아스테카^{Azteca}까지 거슬러 올라간다. 아스테카에서는 오래전부터 용설란즙을 발효시킨 풀케^{pulque}라는 음료를 마셔왔다. 용설란 발효액은 이후 테킬라와 더불어 메스칼^{mezcal}이라는 술이 된다. 테킬라와 메스칼의 차이점이라면 테킬라는 푸른용설란만으로 만들어지며 메스칼은 어떤 종류든 상관없이 용설란으로 만들기만 하면 된다는 것이다. 테킬라는 특정 지역에서만 생산되는 주류로 조금 더 범위가 좁다.

푸른용설란을 재배해 잎을 잘라낸 후 '용설란의 심장'이라고도 불리는 알줄기인 피냐^{piña}를 수확한다. 피냐는 파인애플과 비슷한 모양을 가지고 있으며, 실제로 파인애플을 스페인어로 피냐라 부른다. 이후 피냐의 열처리와 추출, 증류, 발효, 숙성 등의 과정을 거쳐 테킬라가 완성된다. 하지만 피냐는 곡물도 과일도 아닌 다육식물일 뿐이다. 선사시대부터 술을 빚으려면 벌꿀, 포도, 사과 등 당분이 풍부해서 곧바로 발효가 가능한 재료가 사용되었다. 맥주를 만드는 보리는 고소하며 탄수화물이 풍부하지만 달콤하지는 않다. 이 때문에 보리를 불려 발아 및 건조 과정을 거쳐 맥아로 만든 뒤 맥아당을 발효시켰다. 소주나 사케의 원료인 쌀도 그 자체로는 당분이 충분하지 않아서 열을 가해 쪄낸 뒤 술을 빚는 데 사용한다. 이처럼 에탄올이 생성되려면 효모의 먹이가 될 당분이 꼭 필요하다. 그리고 자체적인 당분이 없는 경우 탄수화물을 분해해 당으로 변환하는 과정이 선결되어야 한다.

푸른용설란은 외형에서 직감되듯 당분이 거의 없다. 만약 당분이 풍부했다면 사탕수수 주스처럼 그대로 짜내 판매되는 음료가 있거나 설탕 제조의 한 축을 담당하고 있었으리라. 가장 많은 성분은 셀룰로스^{cellulose}인데 흔히 섬유질이라 부르는 식물의 대표적인 성분이다. 인간에게는 셀룰로스를 분해하는 효소가 없다. 채소를 많이 먹으면 배변 활동이 원활하다는 것은 단순히 소화할 수 없는 섬유질이 그대로 배출된다는 뜻이다. 인간에게는 셀룰로스를 분해하는 효소가 없지만, 초식동물에는 흔하다. 쌀 등 곡물 역시 당분보다는 탄수화물이 풍부해 이를 분해하려고 인간의 침 속 효소인 아밀레이스를 사용한 역사가 있다. 우리나라에서는 광해군 6년[1614년]에 실학자 지봉 이수광이 편찬한 《지봉유설芝峰類說》에 여성이 씹어 뱉은 쌀로 녹말 분해와 발효를 일으켜 담근 술이 미인주美人酒라는 이름으로 기록되며, 일본에서는 쿠치카미자케口噛み酒라는 이름으로 무녀가 신에게 바치는 술을 담그는 방식으로 전해진다. 바이킹이 벌꿀 술을 만들던 과정도, 잉카 제국에서 옥수수로 술을 만드는 방식도 모두 씹고 침과 섞어 뱉어 발효가 가능하도록 물질의 상태를 바꾸는 식이었다.

하지만 셀룰로스 분해 효소를 가진 소에게 용설란을 먹인 후 끄집어내 술을 담그는 것은 내키지 않을 것이다. 그래서 고안한 방식이 피냐를 불에 구워 내부의 수분이 고온에서 용설란의 다당류 물질인 이눌린inulin의 가수분해hydrolysis를 일으켜 당을 형성하도록 만드는 것이었다.[5] 그리고 이 과정에서 예상치 못했던, 하지만 결국 테킬라의 풍미 요소로 자리 잡은 위험한 물질이 동류물로 등장한다. 바로 메탄올^{methanol}이다.

동류물과 숙취

에탄올과 가장 비슷한 화학물질을 하나 고르라면 단연 메탄올이다. 둘 다 '-올^{ol}'이라는 접미어로 마무리되는 것처럼 알코올이라는 화학물질로 구분되며, 앞의 메타^{metha}와 에타^{etha}는 그리스어로 숫자 1과 2를 각각 의미한다. 메탄올은 1개의 탄소로 이루어진 알코올이며 에탄올은 2개의 탄소로 이루어진 알코올인 셈이다.

에탄올에 '생명의 물'이라는 별명이 있었다면, 메탄올의 별명은 '목정 알코올$^{wood\ alcohol}$'이다. 미생물이 당을 발효시키며 합성되는 에탄올과 달리 메탄올은 나무를 산소 없는 환경에서 고온으로 가열해 얻을 수 있었기 때문이다. 과거에는 무산소 환경에서 가열하는 게 기술적으로 어렵진 않았을까 생각될 수 있지만, 산소 공급 없이 고온에서 탄화를 일으켜 만들어지는 숯을 생각한다면 흔한 방식이었음을 알 수 있다. 참나무나 자작나무, 단풍나무 등 숯을 만드는 데 선호되던 단단한 나무의 건류^{乾溜}에서 발생하는 증기는 메탄올의 주재료로 쓰여왔다. 같은 과정에서 증기 형태로 발생해 분리되는 물질 중 목초액도 찾아볼 수 있다. 목초^{木醋}라는 단어 자체가 나무 식초를 의미하듯 목초액은 특유의 시큼한 향과 함께 강렬한 훈연 향이 녹아 있기도 하다. 이 때문에 예전에는 종종 무좀이나 발의 굳은살 관리용 물질로 목초액을 팔거나 쉽게 고기에 훈연 냄새를 배게 할 수 있는 물질로 도포되기도 했지만, 결론적으로 목초액은 독성 물질이다. 목초액에는 메탄올과 함께 아세트산, 아세톤, 벤젠류 등 흔히 1급 발암물질로 구분되는 것들이 뒤섞여 있기에 안전성이 검증된 제품이 아니라면 되도록 인체에는 사용하지 않는 편이 좋다.

테킬라를 만드느라 피냐를 가열하는 과정에서 메탄올은 필연적으로 발생한다. 메탄올 중독 증상은 요즘에도 뉴스에서 다양한 사례로 보도된다. 메탄올은 분자의 크기가 작아서 빠르게 기화하며, 표면 세척 효과도 뛰어나기 때문에 자동차 워셔액으로 쓰이다 실명 사고를 일으킨 적도 많으며, 낡은 공장 배기관에서 누출되어 두통, 호흡곤란 및 사망으로 이어진 경우도 많다. 이처럼 메탄올은 대표적인 독성 알코올로 구분되는데, 다양한 화학 분석 기술과 분리 공정이 개발된 이제는 테킬라에서 제거할 수 있지 않을까?

처리 과정이 복잡해지며 생산 비용이 늘겠지만 불가능한 일은 아니다. 그런데도 여전히 테킬라에는 메탄올이 함유되어 있다. 이미 일정 농도의 메탄올이 테킬라 특유의 향이 된 만큼,

메탄올을 완전히 제거하면 그 특색이 사라져 맛없는 술이 되고 만다. 테킬라 속 메탄올에 대해서는 공식 멕시코 표준^{Norma Oficial Mxicana, NOM-143-SSA1-1995} 중 B.4.1.1 항목을 찾아볼 수 있다.[6] 실제로 메탄올은 모든 알코올음료에 미량이라도 함유되어 있는 알코올이라는 언급과 함께 식물성 원료인 펙틴의 가수분해에서 발생한다는 내용이다.

   안전성 평가상 문제는 없지만 어찌 보면 자극적이고 심적인 위험 부담이 있는 미량의 착향료는 오히려 매력적으로 느껴지기도 한다. 그럼에도 건강과 안전을 고려할 때 잘못된 것이 아닐까 불안하다면, 우리가 나누고 있는 이야기의 주제가 어차피 술이라는 사실을 기억하자. 모래알이든 바윗덩어리든 물에 가라앉는 것은 마찬가지라는 말마따나 어차피 그 자체로 몸에 그다지 좋을 것은 없다는 이야기다.

   테킬라 속 메탄올의 함량은 정해진 범위 내에서 엄격하게 관리된다. 낮은 농도에서는 특유의 풍미가 사라지며, 높은 농도에서는 심각한 건강 문제와 사고가 일어날 수 있기 때문이다. 술의 종류에 따라 유독 숙취가 심한 술로 여겨지는 것들이 있다. 막걸리나 와인 등 곡식과 과일을 이용해 만들어진 술, 그것도 높은 농도의 동류물로 구성된 주류는 모두 숙취를 유발한다. 테킬라 역시 마찬가지다.

그렇다면 동류제 함량으로 어떤 술이 극심한 숙취를 유발할지 추측할 수 있을까? 대략적인 주종에 대한 평균적인 동류제 연구 결과도 이미 술을 사랑하는 과학자들에 의해 보고되어 있다. 술에 함유된 동류제는 탄소 개수가 1개 차이인 에탄올과 메탄올의 관계처럼, 비슷하지만 구분되는 알코올들로 이루어진다. 3개의 탄소로 이루어진 프로판올^{propanol}, 4개의 탄소가 직선 사슬 형태로 연결된 1-뷰탄올$^{1\text{-}butanol}$, 탄소 개수는 같지만 구조가 다른 2-뷰탄올과 아이소뷰탄올^{isobutanol} 등 여럿이다. 탄소 개수를 무한정 늘려 끝없는 동류제를 만들어낼 수 있을 듯 기대되지만, 물에 탄소 덩어리인 숯이나 잿가루를 넣으면 잘 녹지 않고 뜨거나 분리되는 것처럼 탄소 자체로는 비극성 물질이어서 음료에 녹이기 쉽지 않다. 다양한 길이의 알코올이 각각 어떤 맛과 효과를 가질지는 잠시 후 '알아두어도 쓸데없는 신기한 잡학'으로 이야기를 나눠보자.

보드카 같은 깔끔한 증류주는 아마도 직감했듯 깔끔한 에탄올 수준으로 동류물 함량이 적다.[7] 만약 보드카를 마신 후 다음 날 숙취가 심했다면 단순히 과음했기 때문이리라. 맥주는 농도가 묽기 때문인 것도 있지만 단순 곡물 발효는 처음부터 향 분자의 다양성이 적기 때문에 동류물 발생량이 적다. 맥주는 물론이고 이를 증류한 위스키 역시 높은 도수와 강렬한 향에 비해서는 동류물의 양이 적다. 럼은 위스키보다 평균적으로 18배나 많은 프로판올을 함유한다. 묵직한 위스키와 달리 가볍게 날아가며 상쾌한 듯한 은은한 과일 향을 담고 있는 럼의 특색은 프로판올이 만드는 향기와 같다. 숙취 분야에서 최악의 주종은 뭘까? 바로 브랜디다.

와인을 증류해 만드는 브랜디는 동류제 모두에서 함량이 가장 높다. 그 원인으로는 다음과 같은 몇 가지를 고려할 수 있다. 첫째로, 브랜디는 포도나 다른 과일을 발효해 만든 후 증류가 이루어지기 때문에 펙틴과 유기산을 비롯한 식물성 성분의 함량이 높다. 두 번째로, 브랜디의 증류 방식은 전통적으로 단식 증류pot-still를 사용하고 있어 동류제 농도가 높게 유지되는 경향이 있다. 마지막으로, 숙성되며 오크통에서 화합물이 녹아 나와서 동류제 함량이 더욱 높아진다.

기본적으로 중독과 질병 등을 유발하거나 환경 문제가 있는 화학물질을 동류제로 사용하지는 않는다. 예외적인 위험성을 갖는 분자가 메탄올인데, 여기에 대해서도 몇 가지 오해와 흥미로운 사실을 찾아볼 수 있다. 동류제는 에탄올의 대사 과정에서 발생하는 숙취 외에도 심각한 두통과 어지럼증 등 부작용을 유발한다. 그런데도 어떻게 하면 더 많은 동류제가 녹아 나오게 할지, 그 비율을 조절해 만화경에 맺힌 화려한 빛처럼 황홀한 술을 빚어낼 수 있을지는 인류가 계속해서 추구해 온 방향이다. 술에 관해서 이야기할수록 독과 약은 본질적으로 하나라는 말을 단어 그대로 이해하게 된다.

여섯 번째 잔은 숙취를 이겨낼 내일의 나에게 건배!

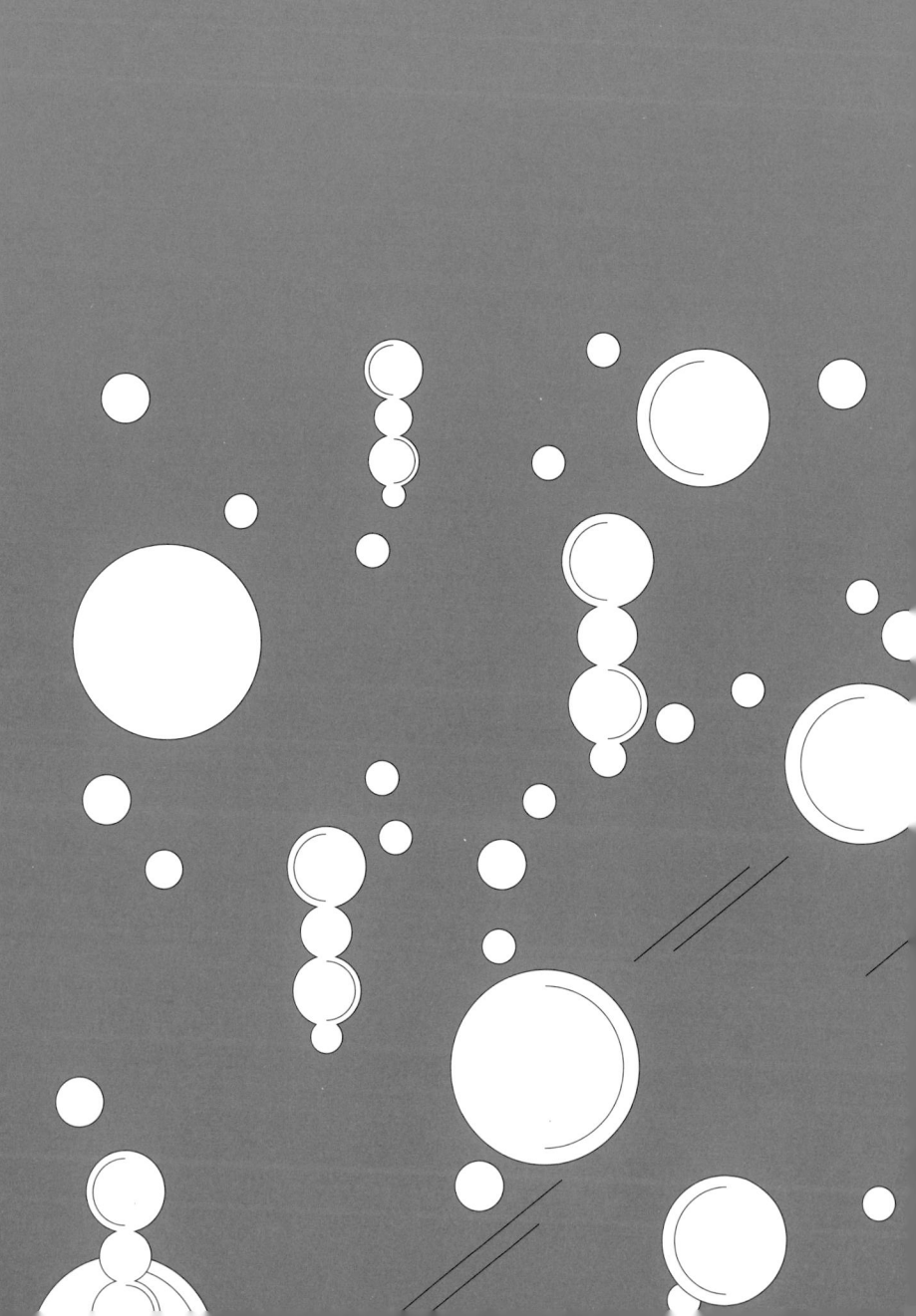

일곱 번째 잔

생명의 물, 생명의 독

화학자에게 알코올은
문제^{problem}가 아닌
해답^{solution}이다.[1]
—미상

술이 몸을 파괴하는 독임은 피할 수 없는 진실이다. 하지만 "위험은 삶의 묘미이고, 가끔은 위험을 감수해야만 삶을 가치 있게 만든다."라는 앤서니 홉킨스$^{Anthony\ Hopkins}$의 이야기처럼 술이 가진 매력은 의미 있다. 특히 물이 녹이지 못하는 물질을 균질한 액체 용액으로 만드는 알코올의 역할은 화학사에서 매우 중요한 발명 중 하나로 여겨질 정도다. 알코올이라는 하나의 성분 자체로는 간단하지만, 술이라는 예술 작품으로 본다면 너무나 복잡한 이 혼합물은 하나씩 분해되어 완전히 해석되었으며, 인류는 이제 술이 만드는 작용을 이해하는 것을 넘어 제어할 수 있게 되었다.

유사품에 속지 말 것

'이가 없으면 잇몸으로'라는 말이 있다. 간절하고 필요한 일을 달성할 수 없을 때 어떻게든 해내려는 바람직한 모습을 그린 듯싶지만, 적어도 술에 적용하면 곤란하다. 알코올은 간단한 화학적 구조와 간편한 접근성에 비해 의존성이 높다. 약물의 의존성과 해로움을 평가하는 지표에는 물리적 의존성, 심리적 의존성, 쾌감이라는 세 가지 평가 요소의 평균 점수가 사용된다.[2] 모든 항목에서 가장 높은 점수를 기록한 물질은 헤로인heroin(평균 점수 3.0/3.0)이다. 흔히 아편으로 불리는 양귀비의 마약성 진통 물질인 모르핀morphine의 아세틸화 반응으로 만드는 마약으로, 한 번 투여하면 거의 끊지 못하는 중독성 물질이다. 우습게도 '헤로인'이라는 이름은 마약성 진통제로 판매를 시작했던 제약회사 바이엘Bayer이 '모든 약 중의 영웅'이라는 의미를 담아 지었다.

그 뒤로 코카인cocaine(2.8/3.0), 담배의 니코틴nicotine(2.6/3.0), 전신마취 유도제로 흔히 사용되는 바르비투르산Barbiturates(2.2/3.0)이 이어지고, 그 뒤에 술(2.0/3.0)이 자리한다. 우리는 술을 단순한 기호식품으로 생각하지만, 술보다 중독성이 낮은 화학물질에는 우리가 강력한 중독성 물질로 인식하는 암페타민amphetamine, 대마초cannabis, 케타민ketamin, 엑스터시MDMA가 있다. 우리는 술을 가볍게 즐기며 의존성을 보이지 않는다 생각하지만, 술은 심리적 의존성과 쾌감 항목에 크게 작용한다. 어쩌면 이미 모두가 기억과 추억을 통해 잠재적으로 알코올에 빠져 있을지 모른다.

결론적으로 알코올에 심각한 의존성을 갖게 된 사람들은 자의나 타의에 따라 치료하는 동안 끝없는 유혹을 느끼게 된다. 다시금 술을 접하는 것을 막으려고 주위에서 술을 모두 치우지만, 고대의 인류가 술이나 에탄올의 향에 본능적으로 이끌렸듯, 이들도 일상용품 속 유사품을 기어코 찾아냈다. 가볍게는 치아 위생용 구강청정제를 들이켜는 사례도 있으며, 손 세정제를 묽혀 마시는 사람도 있었다. 물론 의존성은 인간의 가벼운 의지로는 제어하기 어려운, 흡사 우주적 의지의 조종을 버텨내는 노력과도 같다. 그 흔들림은 조금 더 위험한 물질을 들이마시도록 만들기도 한다.

술의 종류는 다양하지만 알코올이 몸속에서 겪는 변화는 모두 같다. 두 종류의 효소가 차례로 도움을 주어 처음에는 알데하이드로 변했다가 이윽고 카복실산이라는 최종 목적지에 다

다른다. 하지만 그 와중에 만들어지는 물질들의 독성이나 효과는 각각 극명하게 구분된다. 취하도록 만드는 에탄올보다는 오히려 아세트알데하이드가 더 큰 문제다. 에탄올은 우리의 뇌를 마비시키고 신경 자극을 가라앉혀 진정시키고 기억 형성 능력을 떨어뜨려 어젯밤의 기억을 잃게 만드는 정도로 생각할 수 있지만, 아세트알데하이드는 독성 분자로서 숙취를 일으키는 핵심이다.

술을 마시면 얼굴이 붉어지는 정도는 사람마다 다르다. 술자리가 끝날 때까지 안색에 변화가 없고 오히려 새하얗게 변하는 사람도 있고, 한두 잔의 술만으로도 얼굴이 터질 듯이 붉게 물드는 사람도 있다. 여기에는 많은 오해와 주의 사항과 불가항력의 원인이 뒤섞여 있다. 술로 인해 얼굴이 붉어지는 현상은 특히 동양인에게 흔하다. 이 때문에 아시아홍조증후군 Asian flush syndrome이라는 의학적 명칭마저 따라붙는다. 한국인의 30%가 아시아홍조증후군을 유발하는 유전자를 보유했으며, 중국인의 35%, 일본인의 45%도 마찬가지여서 동북아시아 3국에 집중된 유전적 특이성이라 볼 수 있다.[3] 물론 동남아시아를 비롯한 기타 아시아 지역에서도 관찰되는데, 체내에서 발생한 아세트알데하이드를 분해하기 위한 ALDH2 활성 유전자의 GH120251이라는 다형성 부위에 변이가 발생한 결과다.

이 정밀한 변화는 인간을 구성하는 23쌍, 곧 총 46개의 염색체 중 12번 염색체의 1510번인 12q24.2 위치의 구아닌^{G}이 아데닌^{A}으로 바뀐, 단 하나의 차이가 만든다.[4] 생명체의 기능을 조절하는 가장 중요한 물질인 단백질은 20여 개의 아미노산이 연결된 순서에 따라 결정된다. 그리고 아미노산은 유전자에 암호화된 정보로 해석되고, 하나의 변화는 나비효과를 일으키기도 한다. 술을 마시고 얼굴이 쉽게 붉어지는가는 단 하나의 핵산이 다르게 입력되며 만들어진다.

아세트알데하이드는 숙취 및 독성 발생과 더불어 모세혈관을 확장시키는데, 그래서 모세혈관이 다량 분포한 얼굴과 목, 앞가슴 부위가 붉게 달아오르게 된다. 심장 박동이 빨라지고 두통이 발생한다면 확실한 아시아홍조증후군이다.

만약 얼굴이 쉽게 붉어지지만, 술은 남들만큼 문제없이 마실 수 있다는 사람은 더 큰 주의가 필요하다. 마신 술 속 에탄올을 아세트알데하이드로 바꾸는 ADH 효소의 기능은 정상이어서 취한 기분에 대해서는 내구성이 있지만, 이로부터 생성된 아세트알데하이드를 아세트산으로 바꾸는 ALDH는 기능이 떨어져 독성 물질이 계속해서 누적되는 상황이다. 흔히 술은 마시면 는다고도 하지만 독성 분자가 누적되는 것은 피할 수 없는 결과인 만큼, 아시아홍조증후군이 있다면 알코올 섭취는 최대한 조심하는 편이 좋다.

　물론 효소 역시 종류가 다양한 만큼 선천적으로 존재하는 종류 외에도 우리의 생활이나 환경에 의해 조정되는 사례도 있다. 술을 마시다 보면 조금씩 주량이 늘어나는 듯한 느낌을 받을 수 있는데 이는 착각이 아니라 실제 효소량이 증가하기 때문이다. 물론 한계가 있다. 타인의 유전적 어려움은 존중해야 하는데, 비슷한 예로 고수가 있다. 고수를 의미하는 영어 단어 'coriander'가 그리스어로 빈대나 노린재 등 악취 나는 벌레는 의미하는 'κόρις(kóris)'에서 유래한 만큼 고수는 냄새가 지독한 풀로 여겨졌다. 현재는 고수의 향을 사랑하는 사람만큼이나 고수의 향과 맛을 비누나 화장품 같은 인공적이고 겉도는 맛으로 인식하는 사람도 많다. 유전적으로 OR6A2 후각 수용체에 차이가 있는 사람들은 고수를 비누 향으로 느끼게 된다. 오이를 쓴맛으로 느끼는 사람도, 알코올 대사가 선천적으로 약한 사람도 모두 유전적인 차이에 따른 결과인 만큼 단순한 의지나 노력으로 변하기는 어려우니 강요는 금물이다.

　실수로 메탄올을 먹고 목숨을 잃거나 병원에서 치료받는 사고 소식이 들려오기도 한다. 하지만 개인적인 생각으로는 실수로 먹었다기보다는 알코올에 대한 의존증을 극복하던 중 술을 대신해 들이켠 것이 아닐까 싶다. 메탄올과 에탄올은 분자 구조가 다르다. 단순하게 생각해도 무려 2배에 달하는 크기 차이가 있으며 체감되는 성질도 다르다. 기본적으로 둘 다 쓰고 자극적인 맛이지만, 향에서도 차이가 있다. 분자 크기와 기화 속도, 우리의 후각 수용체와 작용하는 화학적 작용의 차이가 향의 차이를 만드는 만큼, 잘 익은 과일이 연상되듯 부드럽고 달콤한 에탄올의 향과 달리 메탄올은 날카롭고 자극적인, 톡 쏘는 듯한 향을 갖는다.

여하튼 메탄올을 먹게 되었다고 치자. 메탄올은 체내에서 바로 심각한 문제를 일으킬 듯싶지만, 정말 위험한 결과는 정상적인 대사 작용을 통해 메탄올이 다른 물질로 바뀌는 순간부터다. 메탄올은 ADH에 의해 폼알데하이드formaldehyde가 된다. 폼알데하이드는 (과장된 효과지만) 영화 등에서 손수건에 적셔 사람의 코와 입을 막으면 의식을 잃게 되는 마취제로 그려지며, 물에 녹여 37% 농도로 만들면 해부한 표본을 부패하지 않게 보관하는 데 쓰는 포르말린formalin이 된다. 다음 단계로 ALDH에 의해 만들어지는 폼산formic acid은 개미가 꽁무니로 쏘아내는 산성 물질의 주성분이어서 개미산이라 불리기도 한다. 폼산 역시 높은 농도에서는 산성으로 인한 피부 손상과 화학 화상을 일으키지만, 그 외에도 체내에서는 적혈구의 파괴(용혈)나 혈액 응고 장애, 간과 신장 기능 손상 등을 일으킨다.

메탄올과 더불어 가장 흔한 사고 유발 물질인 부동액 역시 알코올로 구분된다. 에탄올이 두 개의 탄소로 이루어진 탄화수소의 한쪽 끝에 수산화 작용기가 결합한 형태(CH_3CH_2OH)였다면, 부동액의 주성분인 에틸렌글라이콜^ethylene glycol은 반대쪽에도 수산화 작용기가 붙은 모습($HOCH_2CH_2OH$)이다. 에틸렌글라이콜은 점성이 있는 무색투명한 액체로 자극적인 향이 없고 약간 달콤한 맛을 갖는다. 효소에 의해 대사가 가능한 작용기가 2개 포함되어 있는 만큼 반복적인 처리가 이루어지는데, 이번에는 최종 생성물이 심각한 문제를 일으킨다. 옥살산이라는 물질이 만들어지고 주위의 칼슘 이온과 결합해 신경 기능 이상과 손상을 일으킴과 동시에 급성 신부전을 유발해 사망에 이르게 한다.[5]

그나마 손 세정제에 주로 사용되는 아이소프로판올^isopropanol은 덜하다. 매니큐어를 지우는 데 사용되기도 하는 아세톤^acetone으로 대사되기 때문에 위험성 면에서 조금은 덜하다. 두통에 그치거나 저혈압이 유발되는 정도이니 말이다.

만약 내가, 또는 주위 사람이 어떠한 이유로 메탄올이나 부동액 등을 마신 것을 알게 되었다면 어떻게 대처해야 할까? 위급한 상황을 알리는 것과 더불어 전문적인 대응이 필요하지만, 그마저도 없는 상황이라면 간단한 응급 치료와 해독 원리를 알아둔다면 도움이 될 수 있다. 바로 생명의 물인 술을 먹이는 것이다.

생명의 물과 숙취 유발제

한 번의 실수로 들이켠 메탄올이나 부동액의 위협은 술, 즉 에탄올을 대량으로 마심으로써 버텨낼 수 있다. 메탄올 등 화학물질 자체가 갖는 독성에 비해 ADH와 ALDH에 의한 대사과정을 거치며 발생하는 물질들의 맹독성이 더 큰 위협이 된다. 결국 우리가 제안할 수 있는 것은 메탄올 등과 경쟁해 효소에 대한 결합과 물질대사를 틀어막을 수 있는 일종의 모래주머니를 투입해 둑을 쌓는 방법이다. 인간이 섭취하도록 설계되어 온 물질은 에탄올인 만큼 체내의 ADH와 ALDH는 에탄올과 아세트알데하이드에 최적화되어 있다. 만약 다량의 에탄올을 투입하면 이들이 먼저 효소와 결합함으로써 메탄올 등이 반응하는 것을 지연시킨다.[6] 그러는 동안 몸을 떠돌던 메탄올 등은 소변을 통해 배출되며 최악의 사태가 발생하기 전 일단락이 가능하다. 물론 그 결과 찾아올 끔찍한 숙취와 구토, 어지럼증은 피할 수 없지만, 생명을 구한 대가라 생각한다면 저렴하지 않을까? (그래도 이 방법은 어쩔 수 없는 위기 상황에서만 쓰는 임시방편이라는 점을 잊지 말자.)

가장 궁금한 질문으로 돌아가보자. 테킬라에는 메탄올이 함유되어 있는데 왜 식품으로 유통되며 마셔도 별다른 문제가 없을까? 메탄올보다 압도적으로 양이 많은 에탄올이 효소에 경쟁적으로 작용하고, 그 때문에 메탄올은 문제를 일으키기 전에 배출되기 때문일 것이다. 하지만 그럼에도 아주 많은 양의 테킬라는 분명 점점 더 큰 문제를 일으키게 된다. 혹시나 불안한 사람들을 위해 그 기준을 한번 계산해보자.

멕시코 법에서는 테킬라에 함유된 메탄올의 양을 최소 0.3g/L에서 최대 3g/L로 규정한다. 이보다 적으면 테킬라 특유의 맛이 나지 않고, 더 많으면 우려되는 문제가 발생하기 시작한다. 만약 40% 도수의 테킬라 큰 병 하나, 즉 990mL에 최대 함량인 조건이라면 총 2.97g의 메탄올이 함유되었을 것이다. 메탄올의 안전성 평가 보고서를 기준으로 고려해도 사람은 체중 1kg당 300~1,000mg의 메탄올을 먹어야 반수치사량에 이른다. 합법적인 음주가 가능한 성인이라면 테킬라 1병을 혼자 들이켠다 해서 메탄올로 인한 사망에 다다를 일은 없는 셈이다.

실수로 메탄올을 삼키는 것은 무서운 상황이지만, 사실 나는 집에서 가끔 이 알코올 간의 경쟁과 독특한 응급처치에 관한 주장을 펼치곤 한다. 밤에 홀로 집에서 술을 마시고 있자면 아내가 과음을 우려해서 제지하는데, 당당히 "오늘 왠지 메탄올을 흡입한 것 같아서 술로 응급처치하는 중"이라 대답했다. 아쉽지만 한두 번이나 통하지, 그리 좋은 핑계는 아니었던 듯싶다.

위스키라는 단어를 통해 술이 '생명의 물'이라 불렸다는 건 알았지만 쉽사리 믿기지 않는다. 술과 보건 의료와의 관련성을 처음부터 차례로 따라가보자. 알코올이라는 단어는 아랍어 '알 쿠흘$^{Al-kuhl,\ ٱلْكُحْل}$'에서 유래했다. 가장 순수한 혹은 미세한 가루라는 의미로 사용되던 알 쿠흘은 지금과 같은 무색투명하고 환상적인 액체가 아닌 검은색 분말을 일컫는 단어였다. 지금도 투탕카멘의 황금 가면을 비롯한 유물과 당시의 삽화에서 쉽게 찾아볼 수 있는 것처럼 고대 이집트에서는 눈가를 검게 칠했다. 지금의 스모키 화장을 떠올릴 수 있는 모습이다. 눈을 강조하기 위해서이기도 했지만, 빛을 흡수해서 눈을 뜨겁고 밝은 태양광으로부터 보호하려는 목적도 함께했다. 이후 사막이 많은 아랍 지역에서도 같은 방식으로 분말이 사용되었으며, 안티모니^{Sb}로 이루어진 휘안석이나 대부분 검은색인 납 광석이 활용된다. 이 미세한 검은 가루를 쿠흘^{kohl}이라 불렀으며 광석에서 유용한 물질을 분리해 정제하고 농축하는 개념을 상징하게 된다.

연금술이 황금기를 누리던 8~9세기 아랍 지역에서는 다양한 물질에 열을 가해 증류하고 순수한 형태의 물질을 분리하는 도전이 유행이었다. 이 과정에서 정제와 농축을 뜻하는 알 쿠흘이라는 단어는 증류를 통해 얻은 정수를 이르게 된다. 이후 중세 유럽으로 아라비아 연금술이 전파되며 알 쿠흘은 라틴어로 변형된 알코올이 된다. 초기에는 증류를 통해 얻은 모든 순수한 물질을 알 쿠흘이라 불렀지만, 발효된 액체에서 순도 높은 알코올(에탄올)을 분리하는 작업이 대표적인 예시가 된 후 알 쿠흘은 에탄올과 같은 물질을 가리키게 된다.

아라비아 연금술에서도 에탄올은 향 분자를 잘 녹이고 열을 빼앗으며 빠르게 기화하는 성질 덕분에 연고의 제조나 소독약으로 사용되었으며, 중세 유럽에서는 소화 불량을 해소하고 통증 완화와 노화 방지 기능이 있다 믿어져 의학자 아르날두스 드 빌라노바Arnaldus de Villanova에 의해 비로소 생명의 물이라는 명예로운 이름을 갖게 된다.

빌라노바는 과학사나 연금술을 공부한 적이 없다면 낯선 이름이겠지만, 술과 화학의 이야기에서는 빼놓을 수 없는 인물이다. 산성과 염기성 물질을 구분하는 방법으로 가장 먼저 접하게 되는 리트머스litmus 시험지를 통한 비색 검사는 빌라노바로부터 시작된다. 종이 막대 형태로 가공해 간이 실험이 가능하게 한 사람은 화학의 아버지 중 한 명으로 불리는 로버트 보일Robert Boyle이지만,**7** 원재료인 리트머스이끼Roccella tinctoria가 환경에 따라 색상이 변한다는 것을 발견한 사람은 450여 년 앞선 빌라노바였다.**8** 생명의 물을 추구했던 빌라노바가 저술한 《와인에 관한 책Liber de vinis》은 와인 제조에 대한 세계 최초의 인쇄본 서적으로 알려져 있기도 하다.

  과거 대부분의 사망 사고는 부상보다는 그에 따른 세균 감염과 패혈증 때문이었다. 미생물의 존재와 감염에 대한 이해는 부족했지만, 에탄올의 소독 능력은 경험적으로 발견되어 환부와 의료 도구를 소독하는 데 사용된다. 또한 술이 우리의 뇌와 감각을 둔화시키는 작용을 통해 마취제가 될 수도 있었다. 소설 《삼국지三國志》에는 명의 화타가 뛰어난 외과 수술의로 등장하는데, 환자의 고통을 줄이거나 뇌 수술과 같이 일종의 수면 마취 상태가 필요할 때 마비산麻沸散이라는 마취약을 사용하는 장면이 나온다. 마비산이라는 단어는 몸과 정신을 마비시켜 수술이 가능한 상태로 만드는 것으로 오해되곤 하지만, 한자 표기를 보면 '대마 끓인 가루'라는 의미임을 알 수 있다. 마비산의 주재료는 대마를 비롯해 섬망을 일으키고 인식 수준을 낮춰 과거 부두Voodoo교에서 인간을 좀비로 만드는 핵심 재료였다는 흰독말풀, 우리나라에서는 사약의 주재료로 사용되었던 투구꽃의 덩이뿌리인 초오草烏, 맹독으로 유명한 천남성,

강직성 경련과 전신 마비를 일으킬 수 있는 백지^{白芷}이며, 이를 술에 타 들이켜는 식으로 사용되었다. 조금만 과량이어도 목숨을 잃을 수 있으며, 이론상 최적의 양이 사용된다면 현대의 수면 마취가 가능해진다. 흥미롭지만 다른 관점에서 생각한다면 화타가 이 정도의 기술을 얻기까지 얼마나 많은 희생양 혹은 생체 실험이 있었을지 섬뜩하기도 하다. 여하튼 술은 단독으로 혹은 다른 물질과 함께 사용되어 마취를 통해 생명을 구해 왔다.

에탄올에 미생물을 제거하는 매우 강력한 효과가 있다는 사실을 과학적으로 증명한 사람은 세균학의 아버지였던 프랑스의 화학자 루이 파스퇴르$^{Louis\ Pasteur}$였다. 그 이후 에탄올은 본격적으로 수술 전후 소독약으로 쓰인다. 진정 작용과 더불어 물에는 잘 녹지 않는 다양한 물질을 간단히 용해할 수 있는 특성은 시럽 형태의 약품 제조로 이어졌다. 재미있는 것은 에탄올의 진정 효과가 기침약$^{cough\ syrup}$에도 쓰였는데, 당시의 기침약은 지금보다도 효과가 탁월했다. 마약성 물질인 아편, 대마, 그야말로 혼수상태에 빠지게 만들 수도 있는 폼알데하이드가 술에 녹아 있어서 기침을 하고 싶어도 할 수 없는 상태에 빠르게 빠져들었을 테니 말이다.

술이 깨지 않는 법

　우리는 즐거운 하루를 보낸 후 다음 날의 숙취를 줄이거나 빠르게 해소하기 위해 온갖 민간요법과 과학적 연구의 산물을 활용하곤 한다. 그런데 다르게 생각한다면 어차피 오늘이 지나고 내일이 오면 다시 생겨날 숙취를 굳이 없애야 할까? 한창 즐거운 술자리를 보내며 어지럼과 구역감이 올라오기 전의 알딸딸한 상태에서는 지금이 계속해서 이어지길 바라기도 한다. 혹시 한 번쯤은 술이 깨지 않고 계속해서 취해 있고 싶다고 생각해본 적이 있을지 모르겠다. 다른 사람들은 그런 적이 없었다 하더라도 적어도 필자는 경험해보고 싶었으며, 이에 대한 문헌들을 열렬히 찾아본 바 있다. 술 깨지 않는 방법은 이미 살펴본 알코올의 분해를 제어함으로써 구현되며, 또 의외로 실제 사용되고 있기도 하다.

　결국 모든 알코올의 대사는 ADH와 ALDH 두 종류 효소로 완료된다. 바꿔 말한다면 효소들의 활성을 인위적으로 차단하거나 낮출 수 있다면 술이 깨지 않는 것도 가능하다. 효소는 다양한 화학적 상호작용으로 구조가 제어된 단백질이다. 실제 화학 반응이 이루어지는 것은 활성 자리^{active site}라 불리는 매우 좁고 작은 영역이다. 효소 전체 크기를 기준으로 한다면 0.1~2.0%에 불과한 좁은 곳에서 모든 변화가 이루어지며, 그 외 단백질 영역은 활성 자리를 만들고 유지하며 작동하도록 보조 및 제어하기 위한 기여라 할 수 있다. 단백질 구조의 입체적인 접힘과 구조적인 특성을 파악하는 일이 중요한 이유이며, 인공지능의 발달을 통해 알파폴드Alphafold와 같은 단백질 접힘 예측이 큰 관심 속에 2024 노벨 화학상의 주인공이 된 연유 또한 여기에 있다. 확인된 단백질의 구조는 활성 자리에 끼어들어 기능을 방해할 수 있는 물질을 찾아내는 데 사용될 수 있다. 만약 저해가 필요한 단백질이 암을 비롯한 질병의 확산에 관련되었다면 항암제의 개발로 이어지며, 세균 감염이나 미생물 생장에 대한 역할이라면 항생제가 되는 셈이다. 자연스레 ADH와 ALDH의 구조에 관한 연구도 이루어졌고 저해제도 알려져 있다.

먼저 에탄올을 아세트알데하이드로 바꾸는 ADH의 저해제로 4-메틸파이라졸4-methylpyrazole이 대표적이다. 명칭에서 유래한 포메피졸Fomepizole이라는 이름으로 판매되기도 한다. 다음 단계에서 작용하는 ALDH의 저해제는 다이설피람Disulfiram이다.[9] 세상에 이런 물질이 왜 알려져 있을까 하는 의문이 들 수 있지만, 본래 목적은 치료에 있다. 메탄올이나 부동액 등 대사를 통해 독성을 유발하는 물질을 해결하기 위해 술을 마실 수 있다고 했지만 어디까지나 임시방편일 뿐이다. 결국 에탄올 역시 너무 많은 양은 생명을 위협하는 독소로 작용하니 효소 기능 자체를 조금 더 안전한 화학물질로 틀어막을 수 있다면 효율적이다. 포메피졸이나 다이설피람은 결론적으로 취기나 숙취를 지속시키는 물질이지만 필요해서 사용하는 물질인 셈이다.

만약 다이설피람을 사용한다면 알코올 대사 기능이 매우 낮아 아시아홍조증후군이 있는 사람의 고통을 체감할 수 있다. 술을 마시면 체내 아세트알데하이드가 변환되지 못하고 계속해서 늘어나기 때문이다. 이를 활용해 습관성 알코올 중독이나 의존증 환자에게 술 거부감을 새겨 치료용 약물로 활용하기도 한다.

그 외에도 몇몇 물질의 알코올 대사 효소 억제 효과가 자연 속에서도 발견된다. 코프린coprine이라는 물질은 체내에서 분해되어 알코올 대사 효소 기능을 낮춘다. 무언가 먹고 술에 취한 듯 해롱거리거나 심각한 문제를 일으키는 일이 자연 속에서 발생한다면 대부분 버섯을 연상하기 쉽다. 이번에도 버섯은 숙취 유지에 사용될 가능성으로 등장하는데, 배불뚝이깔대기버섯이나 두엄먹물버섯에는 코프린이 들어 있다. 식용으로도 사용되며 약재로도 쓰이는 유익한 버섯이지만 주의할 점이 하나 있다. 절대 술과 함께 먹지 말라는 것이다.[10] 심지어 코프린은 불로 익혀도 분해되지 않고 오히려 체내 흡수율이 높아져 작용이 강해지기 때문에 안주로는 금물이다.

술에 대한 오랜 체험적 관습은 과학적 사고와 연구를 통해 가장 작은 구성단위까지 확인되었다. 술을 마시면 취하게 만드는 물질, 그와 유사한 독성 물질들, 숙취가 발생하는 원리와 해결, 숙취를 지속시키는 분자까지 고대 생명의 물은 발전하고 완성된 만큼이나 해체되어 낱낱이 구성을 드러내고 있다. 작은 탁상시계를 즐겁게 분해하며 톱니바퀴와 바늘 및 나머지 구성품을 확인했다면 다음은 처음처럼 재조립하거나 새로운 것을 만들어낼 순서다. 완전히 화학적으로 만든 인공 술은 가능할까?

일곱 번째 잔은 숙취마저 사랑하게 만드는 즐거움에 건배!

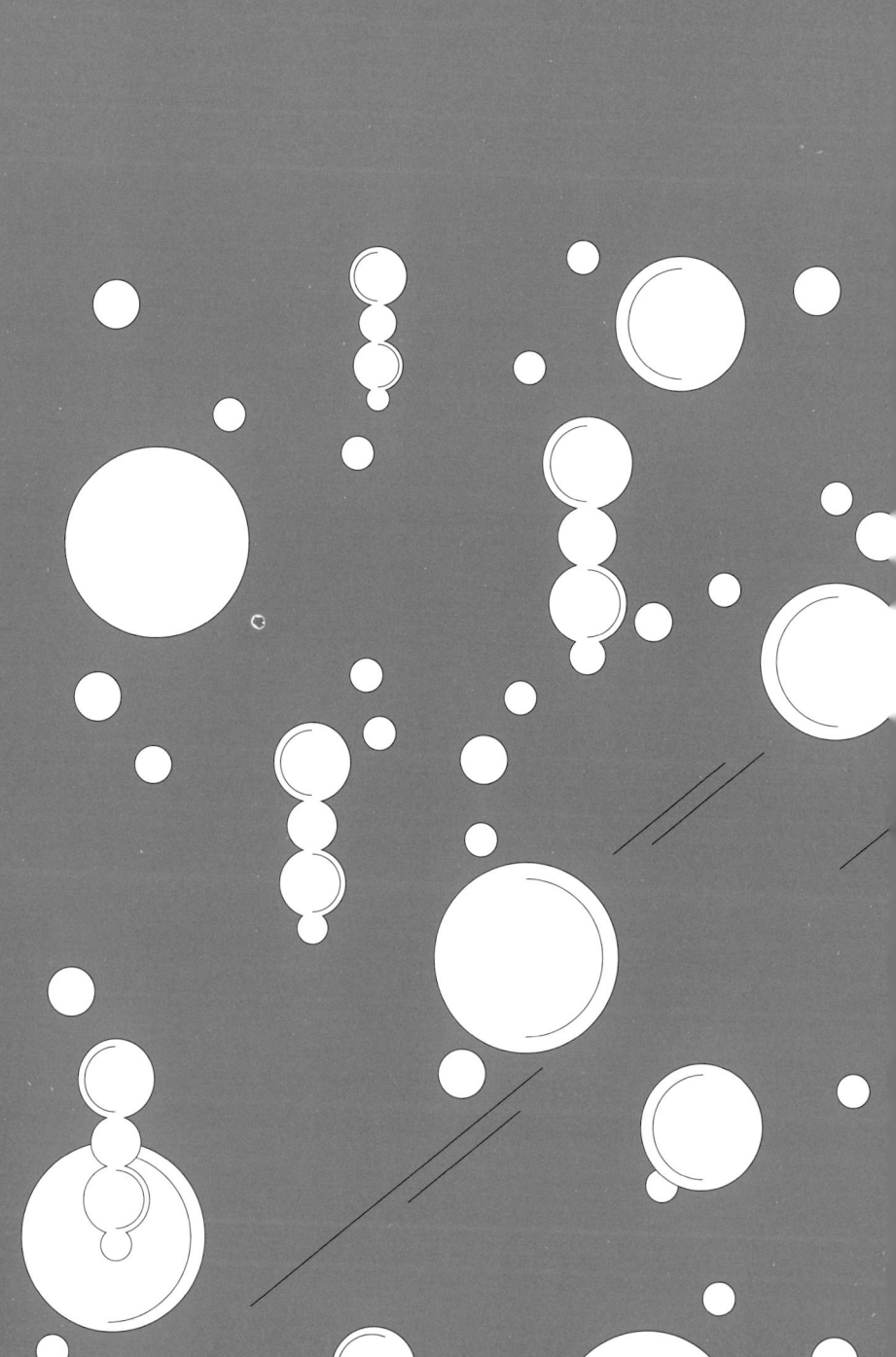

여덟 번째 잔

술의 화학적 재조합

> 모든 창조 행위는 먼저 파괴의 행위다.
> —파블로 피카소 Pablo Picasso

세상에는 순정과 개조라는 상반되는 측면이 있다. 가장 자연스럽고 처음의 상태 그대로인 순정을 추구하는 사람도 있지만, 자신의 취향이나 효율, 그 외의 독특한 요소를 돋보이게 하려고 개조 또는 조율이라는 재조합된 형태를 선호하는 사람도 많다. 순정을 옹호하는 사람들에게 개조는 누더기처럼 기워진 테세우스의 배와 다를 바 없으며, 개조를 추구하는 사람들에게 순정은 도전하고 최적화할 용기가 없는 순응으로 비친다. 술, 특히 위스키는 순정과 개조가 공존한다. 싱글 몰트로 빚어낸 위스키가 있는 반면에, 마스터 블렌더가 몇 가지 원액을 혼합해 최고의 형태로 다듬은 위스키도 있다. 이렇게 탄생한 블

렌디드 위스키blended whisky는 순정일까 개조일까? 만약 우리가 더 기초적이고 세밀한 화학 분자의 영역에서 조합해서 숙성마저 불필요한 환상적인 위스키를 만들어낸다면 어떤 가치가 부여될까?

자연과 인공에 대해

우리는 자연적인 것에는 지극히 높은 가치를 부여하고 인공에는 한없이 냉담하다. 자연이라는 단어에서부터 상쾌함과 싱그러움, 가득 찬 생명력과 순리에 들어맞는 최고의 선택을 연상하지만, 인공이라는 단어는 금속 내음이 나는 듯한 날카롭고 비인간적인 이미지와 함께 인간이 과학을 맹신해 만들어낸, 세상의 법칙에 어긋한 결과물을 떠올린다. 물론 약간은 극단적으로 표현한 것이긴 하다. 하지만 '인간이 만들었다man-made'는 뜻에 불과한 인공에 대해 어째서 맹목적인 반감을 갖는지 의아하다.

이에 대해 문화와 과학기술의 발전 속도가 달라서 생긴 괴리, 가용성 추단법availability heuristics에 따른 언어와 문화, 경험에서 새겨진 자연적인 선택이라는 설명이 사용된다. 필자와 유사하거나 더 높은 연배의 독자라면 어릴 적 만화 영화에 등장하는 사이보그나 인조인간, 인공 생명체나 기계화된 무엇인가에 대한 환상을 기억할 것이다. 당시의 인공 또는 인조는 극도로 발달한 과학기술의 결정체와 같은 모습이었으며, 인류를 파괴하거나 무너뜨릴까 봐 두렵기보다는 어떤 상상력으로 무장한 채 우리를 즐겁게 해줄지 기대만 불러일으키는 대상과 단어였다. 이제는 인공지능이 현실화하며 인간의 능력 이상으로 수많은 업무를 해결하는 상황이지만, 오히려 그만큼의 우려나 두려움이 저변에 깔려 있다. 인공지능의 첫 등장 이후 얼마 지나지도 않았는데 어느새 많은 사람이 익숙해졌고 그만큼 유용하게 활용하고 있다. 하지만 처음에는 인공지능과 로봇으로 인해 인간의 일자리가 위협받게 될 것이라 걱정한 적 있을 것이다. 나 역시 친구들과의 술자리에서 "제2의 러다이트 운동을 펼칠 때가 되었다. 각성하라, 동지들이여!"를 외치며 선동했던 기억이 생생하다.[1] 이 역시 시간이 지나며 일상의 일부이자 자연스러운 현상이 되는 것처럼, 우리의 문화적·사회적 수준이 기술의 발전 속도를 따라잡는 순간부터 괴리감은 사라진다.

그런데도 자연과 인공에 대한 암묵적인 차별이 존재하는 것은 인지적인 문제다. 다음은 내가 가장 좋아하는 예시인데, 완벽하게 정수 및 정화되어 어떠한 오염 요소도 없는 완벽히 순수한 물 4잔이 앞에 놓인 상황을 가정해보자. 분명 순수한 물이지만 그 4잔의 연원이 지하수, 강물, 하수, 방사성 폐기물로 오염되었던 물이라는 사실을 밝힌다면 차이가 생겨난다. 이들 중 반드시 한 잔을 선택해 마셔야 한다면, 그리고 무엇을 선택하든 어떠한 처벌이나 포상도 없이 물 한 잔 마시는 게 전부라면 모든 사람은 지하수를 선택한다. 누군가의 관심을 끌고 싶어 안달이 난 사람이 아니라면 제아무리 과학적 사고로 무장한 인물이어도 구태여 오염된 수원의 물을 선택할 이유가 없다. 우리 모두에게 하수나 오염수는 문화와 언어, 경험을 통해 더럽고 위험하다고 학습되어 있으며, 이성적인 판단만으로 이를 뒤엎을 당위성을 찾기는 어렵다.[2]

언어의 힘은 강력하다. 물이라는 단어는 분명 갈증이 해소되며 상쾌하고 시원한, 생명력으로 가득 찬 느낌을 준다. 하지만 완벽히 화학적으로 일산화 이수소라 이야기한다면, 혹은 조금 더 강렬한 느낌을 주기 위해 "그 잔에 담겨 있던 게 뭔지 알아? 다이하이드로젠 모낙사이드^{dihydrogen monoxide, DHMO}야."라고 말하는 순간 분위기는 스릴러로 반전된다. 분명 같은 물이지만 어떤 용어로 표현하는가에 따라 이미지가 달라진다. 하지만 전문용어 등으로 표현되는 왠지 그럴싸한 설명이 인공적인 술을 홍보하는 데는 오히려 적극적으로 사용되고 있다.

인공적인 술에 관한 이야기에 앞서 천연과 합성 사이에서 고리타분한 논쟁이 오가는 비타민C를 통해 당위성을 찾아보

자. '비타민^{vitamin}'이라는 표현은 '생명^{vita}의 아미노산^{amine}'에서 시작된다. 아미노산이 단백질의 구성에 핵심 단위인 만큼 인체를 이루는 필수적인 구조로 생각되어왔으며, 그중에서도 생명 반응에 필수적인 물질들도 당연히 아미노산으로 이루어졌으리라 추정했기 때문이었다. 실제로 비타민C는 항산화 물질로 세포의 보호나 조직의 성장과 복구에 사용되며, 잇몸이나 체모 등의 구성 조직인 콜라겐을 합성하는 데 꼭 필요하므로 결핍되면 괴혈병을 일으키는 것으로 잘 알려져 있다.

비타민C는 레몬이나 오렌지, 라임 등 감귤류 과일에서 손쉽게 얻을 수 있으며, 천연 비타민C는 이들로부터 추출하는 것으로 광고되곤 한다. 식품이나 영양제, 화장품을 가리지 않고 '레몬 몇 개 분량의 천연 비타민C 함유'라는 광고를 볼 수 있다. 하지만 지금의 풍요로운 사회가 된 것은 무엇이든 인공적인 방식으로 대량 생산을 해낸 덕분이다. 우리는 '합성 비타민C'라는 단어에서 아주 작은 화학물질부터 인위적이고 복합적인 과정을 거쳐 완성된 형태에 이를 것으로 생각하지만, 그런 정석적인 방식으로 만들어지는 합성 물질은 없다. 시간, 비용, 노동력 모든 측면에서 어떠한 장점도 없기에 합성물은 생물에서 추출하는 것보다 오히려 간단한 방식으로 만들어지는 경우가 많다.

비타민C와 같이 인체에 쓰이는 물질은 매우 엄격한 규제와 안전 기준을 적용해 생산하는데, 크게 화학적 공정과 미생물학적 공정으로 구분할 수 있다. 현재 사용하는 화학 공정은 라이히슈타인Reichstein 공정이다. 1930년에 개발된 전통적인 방식으로, 화학적 공정과 미생물학적 공정을 결합한 아름다운 설계다.[3] 과연 비타민C를 만들기 위한 첫 물질은 무엇일까? 바로 포도당 혹은 옥수수 전분이다.

술을 분해하기 위해서 우리의 몸속 효소들이 작용했듯, 가장 먼저 포도당이 산화되어 설사를 유발하던 소르비톨로 변환된다. 미생물은 소르비톨을 소르보스sorbose라는 다른 형태의 당으로 전환한다. 이후 다시 화학이 역할을 넘겨받아 2-케토-L-굴로노락톤2-Keto-L-gulonolactone을 만든다. 마지막 가열 과정은 비타민C를 만들게 된다.

화학적 작용 없이 두 단계의 미생물 발효만으로 포도당에서 비타민C를 만드는 방법도 사용된다. 중요한 점이자 당연한 사실은 과일에서 추출하는 비타민C와 화학적 혹은 미생물학적으로 합성하는 비타민C의 구조와 성질은 완벽히 똑같다는 점이다. 화학물질의 성질은 구조에서 유래하는 만큼 똑같은 구조는 같은 성질을 보이며 인체에 대한 영향 또한 마찬가지다. 결국 합성 비타민보다 천연 비타민의 시장 가치가 높음은 물질의 차이보다는 희소성과 한정성 때문일 것이다.

화학 합성 위스키

술 역시 천연과 인공으로 나눠볼 수 있지만 비타민이나 여러 영양물질과 같은 기준을 적용하기는 어렵다. 비타민 등은 비교적 단순한 하나의 화학 분자로 규정될 수 있으며, 높은 순도로 완전히 분리하는 것이 최종 목적이다. 하지만 술은 수많은 화학물질이 저마다의 양으로 어우러져 조화를 이룬 예술 작품으로도 볼 수 있다. 이를테면 요리와 같다. 요리를 만드는 데 있어 각각의 재료 또는 성분이 천연물일지 합성 감미료 혹은 조미료일지는 크게 중요하지 않다. 최종적으로 만들어지는 요리의 맛과 향, 모양새가 가치 있다면 사용된 재료 각각의 의미는 작아진다.

물론 유기농 채소나 자연산 재료를 사용하는 요리는 조금 더 높은 가격으로 판매될 수 있지만, 누구나 분간할 수 있을 정도로 극명한 맛의 차이는 없다. 오히려 해산물은 자연산보다 양식산이 더 좋은 재료로 평가받는 경우도 흔하다. 요리에 쓰이는 비천연 유래 재료는 음식의 가치를 좌우하는 대신, 대량으로 생산할 수 있는 재료로 이루어진 같은 맛과 품질의 요리임을 활용해 접근성과 판매 시장 규모 확대를 노릴 수 있다.

술은 요리보다도 더 한정적이다. 오랜 시간이 필요한 요리라 하면 젓갈이나 장과 같은 발효 숙성 식품이 떠오른다. 하지만 술은 아무리 빠르게 완성되는 경우에도 발효 과정이 요구되며, 위스키나 브랜디, 테킬라 등 증류 이후 숙성이 동반되는 경우 최소한 몇 년에서 길게는 몇십 년 이상의 시간이 따라붙는다. 어떤 환경에서 숙성되는지에 따라 술에 녹아드는 분자의 양과 종류가 달라지며, 그 차이는 맛과 향으로 명확하게 드러난다.

위스키 성분을 정확히 분석하는 것은 불가능할까? 결론부터 말하자면 당연히 가능하다. 심지어 분리도 가능하다. 질척하게 엉겨 붙은 새카맣고 미끄덩거리는 원유에서 가스와 연료, 아스팔트, 흑연, 황 등을 모두 분리해 제각기 알맞은 용도에 사용하는 기술이 보편화된 시대다. 술이나 차에 함유된 성분을 파악하고 분리하는 것 정도는 노력을 투자할 가치까진 없어 방치된 일일 뿐 전혀 어려운 문제가 아니다. 조화를 이루며 복잡하게 어우러진 성분을 해체해 구성 요소별로 하나씩 나누는 것의 의미는 이후 이루어질 재조합에 있다.

과학에 매료된 애주가들에 의해 재조합되고 있는 술은 위스키다. 소주나 맥주처럼 빠르게 생산되며 저렴한 술과 달리 위스키는 엄격하게 규정된다. 이미 명칭에서부터 차이를 보이는 스코틀랜드와 일본의 위스키whisky와 그 외 지역의 위스키whiskey가 있는 것처럼, 위스키는 언제나 위스키로 간주할 수 있는 것과 그렇지 않은 것을 구분한다. 그 중요한 조건 중 하나는 위스키는 반드시 통에서 숙성되어야 한다는 것이다.

전통은 유지하는 것만큼이나 이어가는 것 역시 중요하다. 이어간다는 것은 현재 상태에 멈춰 서는 것이 아니라 다음 단계로 발전시켜 나간다는 의미를 포함한다. 위스키의 필수 요소인 숙성에 대해서도 새로운 시도들이 시작됐다. 스코틀랜드 머리Moray에 위치한 글렌피딕 증류소Glenfiddich Distillery는 20세기 초 미국에서 금주법이 시행되었을 때도 남들과는 다르게 오히려 생산량을 늘려 미래의 수요에 대처한 역사를 가진 만큼, 위스키 제조에서도 새로운 시도를 하며 전통과 도전의 상징이 되었다.

먼저 국내에도 그 종류가 많아진 쌉쌀하며 향긋한 맛으로 유명한 IPA에 대해 알아보자. IPA는 인디아 페일 에일India Pale Ale의 약자로, 18세기 영국에서 탄생한 맥주 종류다. 비극적인 인류 역사인 식민지 시대에 인도 등지로 맥주를 수출하기 위해 더운 지역에서 빠르게 부패하는 것을 막을 목적으로 더 많은 양의 홉을 넣고 도수를 높인 맥주가 개발된다. 인디아라는 이름 또한 인도에 수출하려는 역사적 목적에서 비롯한다.[4]

IPA 맥주병이나 포스터에 그려진 홉의 모양을 보면 독특하다는 생각이 떠오르는데, 정확히 홉이 무엇이며 왜 부패를 방지하는가에 대해서는 미처 알아보지 못하고 놓치는 경우가 많다.

홉은 삼과Cannabaceae에 속하며 'Humulus lupulus'라는 기억하기 쉬운 학명을 갖는 식물이다. 삼과의 대표적인 식물은 대마다. 홉 자체는 알파산alpha acid에 의해 약간 쓴맛이 나는데, 맥주 양조 과정에서 가열하며 구조가 변화하는 이성질화를 거쳐 더욱 강한 쌉쌀한 맛의 아이소알파산으로 변화한다. 홉에 함유된 알파산과 베타산, 폴리페놀 등 쓴맛의 물질들은 항균 효과가 있는 분자로서 맥주가 쉽게 부패하지 않도록 만든다.[5] 그 외에도 홉의 향 분자들은 자몽, 파인애플, 감귤, 솔향, 허브 등 다양한 매력을 뿜낸다.

글렌피딕 증류소의 도전은 IPA 맥주를 한 달간 담아둔 오크통에 위스키를 담아 숙성시켜 싱글 몰트위스키에서 기대할 수 있는 모든 매력을 담은 위스키 원액을 만드는 것이었다. '글렌피딕 IPA 익스페리먼트Glenfiddich IPA experiment'라 불리는 새로운 위스키는 과일 향이 두드러지는 부드러운 홉의 향으로 가득한 위스키였다.

숙성을 또 다른 방식으로 재조합한 사례도 있다. 미국 브로큰배럴Broken Barrel사의 증류소에서는 이름 그대로 부서진 통을 사용한다. 위스키의 제조에 흔히 사용되는 방식 중에는 곡물의 혼합 비율을 조절해 맛과 질감, 풍미를 조절하는 매시 빌^{mash bill}이 있다.⁶ 예를 들어 옥수수는 단맛과 부드러운 질감을 좌우하며, 호밀은 강렬하고 건조한 느낌을 주고, 밀은 부드럽고 크림 같은 감각을 주기에 비율을 달리하며 조합해 새로움과 매력을 창조하는 방식이다. 표준적인 버번위스키는 옥수수 70%, 호밀 20%, 맥아 10%로 조합하며, 스카치위스키는 100% 맥아로 이루어진다.

브로큰배럴은 매시 빌 방식에서 착안한 오크 빌^{oak bill}을 고안했다. 숙성에 사용되는 다양한 종류의 나무 술통을 부수고 조합해 위스키의 숙성 과정에서 만들어지는 맛과 향을 조절한다. 셰리 캐스크^{sherry cask}나 버번 캐스크^{bourbon cask}, 프렌치 오크 스테이브^{french oak stave} 등을 조합해 판타지적으로는 키메라^{Chimera}를, 조금 친숙한 표현으로는 누더기처럼 이어진 통에서 숙성해 복합적인 맛을 만들어낸다. 아주 독특한 사례를 하나 소개한다면 캘리포니아 오크 버번^{California oak bourbon}의 제품군은 증류된 스트레이트 버번을 캘리포니아의 카베르네 와인 배럴 스테이브^{Cabernet wine barrel stave}와 프렌치 오크 스테이브로 마무리해 와인과 오크의 조화로운 풍미로 이루어진 위스키를 창조했다.

단순히 성분이나 물질을 제어하는 것 이상의 새로운 시도도 있다. 소리의 파동인 음파를 이용해 숙성을 제어하는 방식이다.[7] 파동이 발생한다는 것은 에너지가 가해진다는 뜻이며, 숙성에서 기대하는 결과인 오크통의 화학물질들이 빠르게 녹아들 수 있다는 것과도 같다. 물론 숙성 온도를 높이면 같은 효과를 얻을 수도 있겠지만, 에탄올의 기화는 온도가 높아짐에 따라 빨라지는 만큼 '천사의 몫'으로 손실되는 양 또한 늘어나게 된다. 위도가 낮은 우리나라에서 위스키 숙성과 생산이 지지부진한 이유 역시 기온으로 인한 증발량이 많아 효율이 낮기 때문이라는 해석도 있을 정도다. 미국의 코퍼앤드킹스Copper & Kings 증류소에서는 지하에 5개의 서브우퍼를 두고 계속해서 저음 파동을 쏘아내 숙성을 조절한다. 굳이 대규모의 작업이 아니어도 쿼드런트바앤드라운지Quadrant Bar & Lounge에서는 음파를 이용한 숙성 전후를 체감할 수 있도록 똑같은 위스키를 본연의 상태와 초당 2만 회의 음파로 30분간 처리한 상태를 비교 시음할 수 있는 기회를 제공한다. 결과적으로는 30분의 음파 처리가 20년에 달하는 숙성 효과를 감각적으로 만들어낼 수 있다고 한다. 음파 처리는 위스키 액체를 진동시켜 오크통 표면과의 상호작용을 강화하는 방식으로 숙성 시간을 크게 단축한다.

다양한 노력의 목적은 같은 품질의 위스키를 더 빠르게 숙성하는 데 있다. 그렇다면 모든 과정을 생략해 완벽하게 숙성된 위스키와 같은 화학물질의 혼합으로 제조되는 위스키도 의미가 있다. 단순하고 깔끔한 증류주인 보드카나 소주, 온갖 물질이 뒤섞인 와인과 브랜디는 합성의 의미가 덜하거나 어려움이 크다. 하지만 적당한 수준의 화학물질이 조화롭게 뒤섞였으면서도 그 어떤 술보다 엄격한 기준이 적용되는 위스키는 오히려 화학적 제조의 가치가 크다.

하나의 예로 샌프란시스코의 엔드리스웨스트Endless West사의 글리프Glyph라는 위스키는 효모와 식물에서 추출한 분자들을 곡물 증류주에 첨가해 완성된다. 단 24시간 안에 향 노트의 설계부터 제조가 완료된다. 아마 화학 합성을 통해 만들어지는 위스키와 오랜 시간과 노력을 들여 빚어낸 위스키의 맛이 완벽히 같다면, 본격적인 논쟁과 비하가 발생하는 시점이 될 것이다. 천연 비타민C에 대한 고정관념적인 선호도가 있듯, 몇십 년의 시간을 들인 위스키가 가치 있다고 모두가 생각할 듯싶다. 하지만 위스키는 음식과 마찬가지로 천연과 합성의 의미가 크지 않다. 글리프처럼 사용된 물질들이 천연 재료에서 추출된 것이라면 이 술은 인공적인가 자연적인가? 녹아든 시간의 의미를 간과할 수 없다고 하지만, 녹아든 시간은 지구를 파괴하는 가장 큰 원인이기도 하다.

지속 가능한 알코올을 위하여

지구 온난화와 기후 위기를 이야기하는 관점 중 탄소 발자국carbon footprint 개념이 있다. 우리는 많은 경우 공장이나 자동차에서 발생하는 매연이나 일회용품 및 전자기기의 생산과 폐기로 대표되는 과학기술의 폐해를 이야기한다. 기호식품과 음료 등은 친환경적인 대상이니 자연에 영향이 적으리라고 간과하는 것이다. 그런데 위스키 산업은 대표적인 에너지 소비 산업이다.[8] 알코올 1L를 생산하는 데 평균적으로 60MJ의 열에너지가 사용되며, 이를 환산한다면 무려 14.34kg의 TNT를 폭발시켰을 때의 에너지와 같다. 스코틀랜드 전체 에너지 소모량의 약 10%가 위스키 생산에 사용되고 있다. 물 소모량 역시 어마어마하다. 곡물의 생산 과정은 제외하더라도 발효와 냉각 과정에 물이 대량으로 쓰이며, 특히 고품질의 물이 필요하다. 위스키는 에너지 집약 산업인 만큼 최근에는 영국 정부도 '녹색 증류 대회Green Distilleries Competition'와 같이 지속 가능성을 높이는 프로젝트를 진행해왔다.

위스키 증류소들의 노력 중 하나로 완전한 친환경 연료인 수소 사용을 도입 중인 일본 산토리Suntory의 야마자키山崎 증류소를 꼽을 수 있다. 산토리는 고온에서 가열해 감칠맛 있는 위스키를 만드는 직화 증류 방식을 사용하는데, 고온에서 타오르며 연소 속도가 매우 빠른 수소는 기존 석유 가스와는 다른 특성을 갖는다. 심지어 태양광 발전을 통해 얻어지는 전기 에너지로 생산하는 그린 수소를 사용할 시설을 갖추려고 추진하고 있는 만큼 위스키 산업의 변화도 시작되고 있다.

화학 위스키인 글리프나 마일스톤 비버리지Milestone Beverages 사의 스테이트리스 위스키Stateless Whiskey 제품은 탄소 발자국을 줄이고 전통적인 위스키 생산에 비해 물과 토지, 열에너지 사용을 최소화하는 데 중점을 두었다. 여기 하나 더 첨단 기술이 적용되기 시작한 종류도 있으니, 스웨덴의 증류소 마크미라Mackmyra에서 출시된 AI:01 인텔리전스AI:01 Intelligens는 위스키 합성에 인공지능을 적용했다. 사람마다의 기호를 떠나 대중이 선호하는 향의 조합을 찾아내는 데는 수많은 데이터를 종합할 수 있는 인공지능이 제격이다. 마이크로소프트의 클라우딩 컴퓨터 플랫폼인 애저Azure를 이용해 기존 제조법과 판매 데이터, 고객 선호도를 종합적으로 분석해 인공지능은 무려 7,000만 가지 제조법을 시도하고 분석하게 된다. 인공지능의 도입은 마스터 블렌더를 대체한다기보다는 가장 빠르고 지능적인 도구이자 조수가 되어 위스키의 미래를 바꾸고 있다.

남겨진 고민은 이 새로운 종류의 위스키를 부르는 명칭이다. 화학적으로 제조되었다는 의미로 '화학적 위스키chemical whiskey'라 칭한다면 앞서 물을 다이하이드로젠 모낙사이드라 부르던 것처럼 우리 의식 깊은 곳에 내재한 위험물의 이미지를 벗어나기 힘들다. 대신 천연과 합성 비타민의 경우처럼 '합성 위스키 synthetic whiskey'라 부르는 것이 조금 더 보편적이다. 여기서 만족할 수 없다면 조금 더 매력적인 표현도 있다.

다양한 과학 이론과 장비, 실험 기술을 이용해 조리 기술의 범위를 확장 중인 영역이 있다. 분자 요리 molecular gastronomy라 불리는 이 분야는 액체 질소를 이용한 급속 냉각 기술이나 해초에 함유된 다당류인 알긴산과 칼슘의 결합이 만드는 말랑말랑한 식용 방울로 액체를 구형 물체로 만들어 사용하는 기술, 음식에 가스를 불어 넣어 거품을 요리에 활용하는 방식이나 수비드 sous vide 등이 대표적이다. 만약 화학적 요리나 과학 요리 같은 표현을 사용했다면 지금만큼 매력적이지 않았을 듯싶다. 마찬가지로 화학적으로 맞춤 제조되는 합성 위스키에 대해서도 '분자 위스키 molecular whiskey'라는 명칭이 조금씩 사용되기 시작했다.

지금까지는 구태여 찾아 구매하지 않으면 다양한 술을 쉽게 접할 수 없었지만, 선택지는 계속해서 늘어날 것으로 전망된다. 자연 속 향을 동물 지방으로 추출해 소량 제조되던 과거의 향수나, 고등 수만 마리의 목숨을 대가로 한 방울 얻어지던 티리언 퍼플Tyrian purple 염료, 말라리아와 암을 극복하려는 열망으로 껍질이 벗겨진 수천 그루의 기나나무나 주목의 문제가 극복된 변천사를 참고할 수 있다. 화학적 합성과 대량 생산은 도입 초기에는 이질적이고 순리에 어긋난 것으로 느껴지지만, 오히려 가장 효율적인 선택지가 될 수 있다. 이제는 원하는 향수를 마음대로 선택해 구매할 수 있고, 파란색이나 보라색, 빨간색 옷을 빛바랠 걱정 없이 저렴한 가격에 누구나 입을 수 있다.

모든 정보가 완벽히 해석된 위스키에 다가온 화학적 재조합 기술의 적용도 자연스러운 과정이다. 그렇다고 술의 미래를 걱정할 필요는 없다. 스트라디바리우스나 과르네리 같은 초고가의 명품 클래식 악기의 사례를 들어보자. 경매에 출품되면 수백 억의 낙찰가를 자랑하는 오래된 현악기의 비밀은 여전히 미스터리일까? 기계적인 구조와 음향학적 설계는 3D 스캐닝을 비롯한 첨단 기술을 통해 완벽히 정보화되었으며, 목재의 재질과 성분에서 유래한 특별함은 명품 현악기 생산의 성지와도 같은 이탈리아 크레모나Cremona 지역의 풍토적 특성과 병충해 대응 방식을 화학적으로 분석함으로써 해석되었다. 이제는 과학적으로 재현해 제작된 현대 악기와 초고가의 명품 악기 간의 음향 차이가 사실상 없음이 블라인드 테스트를 통해 입증된 상황이다. 그 결과 남겨진 것은 무엇일까?

역사와 전통, 희소성을 담은 명품 악기의 가치가 퇴색한 바 없으며, 오히려 우수한 품질로 생산되기 시작한 현대 명품 악기의 보급으로 음악을 사랑하고 열망하는 사람들에게 행복한 기회가 주어지기 시작했다. 분자 위스키의 확대와 보급은 현재의 위스키 시장을 위협하지 않는다. 우리는 단순히 취하기 위해 술을 마시지 않는다. 녹아든 시간과 고민을 나누거나 가벼운 사담과 함께 식사를 즐기기 위해 술을 찾는다. 상황에 따라 선택은 달라질 수 있으며, 그 범위가 넓어짐은 언제고 환영할 일이겠다.

여덟 번째 잔은 과학이 빚어낼 술의 미래에 건배!

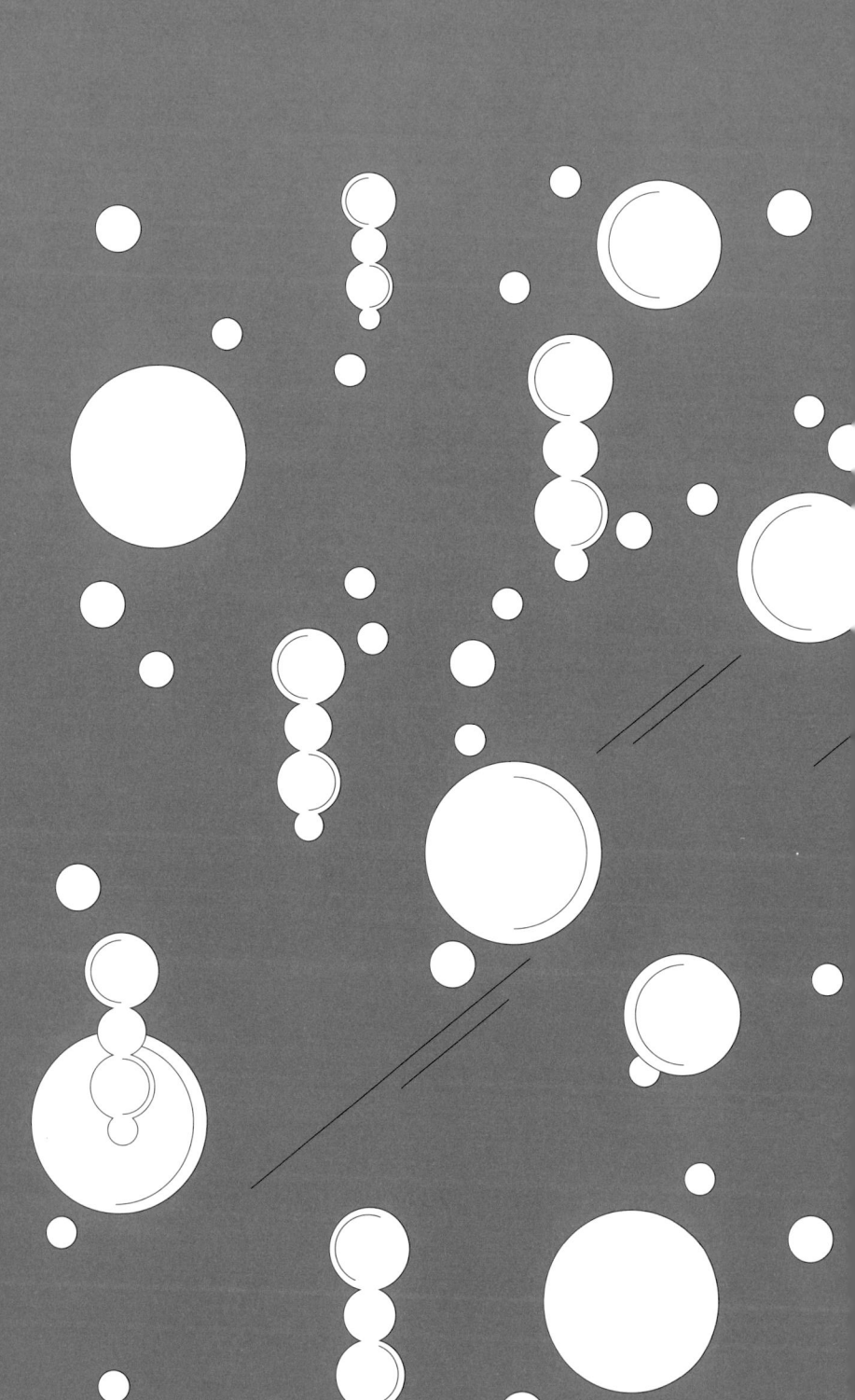

아홉 번째 잔

한 번 더 나에게
질풍 같은 용기를

커피와 와인,
그것은 깨어 있음과 잠을 의미했다.
와인의 최종적인 결과는 잠이고,
커피의 최종적인 결과는
고양된 깨어 있음이기 때문이다.
―하인리히 에두아르트 야콥 Heinrich Eduard Jacob

    도전에도 용기가 필요하듯 과학적 연구에도 실패를 두려워하지 않는 용기가 중요하다. 《반지의 제왕 The Lord of the Rings》 속 아라고른의 말마따나 끝을 알면서도 가는 자가 아니라면 누가 역사를 만들 수 있을까. 취함이라는 끝이 정해져 있기에 술에 관한 연구는 더욱 무모하며, 숙취라는 함정에서 기어 올라와 다시 도전할 용기는 더더욱 의미 깊다. 이제껏 술의 본질이자 화학적 관점인 알코올에 관해 파헤쳤다면, 이제는 알코올이 몸속에 들어가 만들어내는 작용을 제어하는 것으로 관점을 바꿔보겠다. 화학물질이 만들어내는 반응이라면 역시나 다른 화학물질이 반대로 되돌릴 가능성이 높다. 만약 취함을 제어할 수 있는 물질을 찾아낸다면 사람들은 어떤 선택을 할까? 역사는 이미 답을 보여주었다. 바로 술을 더 많이 마시는 것이다.

취함에 대한 견제

길게 즐기며 많은 양의 술을 마시면서도 천천히 취하고 싶다는 바람은 누구나 있다. 만약 단순히 취한 채 잠들고 싶었다면 집에서 혼자만의 시간을 보냈겠지만, 우리의 교감은 그리 단순하지 않다. 누군가에게 들킬 정도로 거창하지 않으면서 효과적인 만취 방지제를 만든다면 무엇이 좋을까? 순서대로 고민해보자. 먼저 술기운이 오르며 우리는 점점 피로와 잠이 누적됨을 느낀다. 피로의 체감은 인체의 에너지원인 아데노신삼인산adenosine triphosphate, ATP이 소모되는 과정에 따라 DNA와 RNA의 기본 단위이기도 한 아데노신adenosine이라는 작은 분자가 쌓여가기 때문이다. 아데노신이 문제를 일으키는 위험 물질은 아니다. 하지만 인간의 뇌에는 아데노신을 인식해 잡아채는 수용체가 분포하는데, 이들로 점차 포화될수록 뇌는 피로감을 느끼며 휴식을 강요하기 시작한다.

바쁘게 돌아가는 현대 사회에서 피로를 이겨내기 위한 또 다른 '생명의 물'이 있다면 커피일 것이다. 물론 커피는 그 자체로 매혹적인 맛과 향을 가져 기호식품으로서의 가치가 충만하다. 커피에서 파생된 음료도 수없이 많고, 요리에도 사용됨은 물론이며, 방향제 등 익숙한 향으로 마음의 안정을 주는 방식으로도 사용된다. 하지만 커피가 주목받은 첫 번째 이유는 역시나 정신을 맑게 만들어 열정적으로 일에 집중하도록 하는 각성 효과 때문이었다.

커피의 어원과 역사에 대해서도 다양한 학설이 있지만, 가장 흥미로운 것은 오늘날 에티오피아 지역에 살던 칼디[Kaldi]라는 염소치기의 이야기다. 850년경 자생하는 커피나무를 처음 발견한 것으로 알려진 그는 염소들이 평소와 달리 흥분한 상태로 지치지 않고 뛰어다니는 모습을 보고 무엇 때문인지 분석하는 과정에서 대발견을 이룬다. 잘 볶아서 커피를 우려내는 커피콩은 먹음직스럽게 생긴 붉은색 커피나무 열매의 씨앗이다. 과일인 체리와도 비슷하게 보여 커피 체리[coffee cherry]라 불리는 과일을 먹은 염소는 잠들지 않고 흥분한 모습을 보였으며, 칼디는 커피 체리를 직접 먹어보며 각성 효과를 체감한다. 물론 다른 많은 옛이야기와 마찬가지로 극적인 효과를 주려고 만들어진 이야기로 여겨지지만, 커피의 각성 효과에 주목한

이후의 여러 이야기로 연결된다.[1]

커피에 대한 또 다른 전설적인 이야기로는 수도승들이 커피 열매의 각성 및 흥분 효과를 부정적인 것으로 여겨 '악마의 열매'라 불렀다는 일화도 있다. 커피 체리를 태워버리려고 불에 던져 넣었지만, 커피콩이 불에 타며 향긋한 냄새가 퍼져 이를 차로 우려내 마시는 데서 현재의 커피 음료가 되었다고도 한다. 의도치 않은 커피콩의 로스팅이 이루어진 셈이다. 커피 로스팅에서도 마이야르 반응이나 열분해, 화학 분자의 구조 분해로 생성되는 휘발성 및 방향족 물질과 추출 방식에 따른 물질의 차이 등 다양한 화학 이야기를 해볼 수도 있다. 하지만 우리의 관심사인 술로 다시금 눈을 돌려 커피와 술의 효과를 비교해보자.

카페인은 인간의 뇌가 피로를 느끼게 만드는 화학물질인 아데노신과 매우 닮았다. 화학의 핵심은 구조가 기능을 만든다는 것이다. 뇌의 아데노신 수용체는 정밀한 작업이 불가능한 작은 구조체여서 아데노신과 카페인을 구분할 줄 모른다. 카페인만 선택해 잡는 것은 아니지만 커피 등을 섭취해 체내 카페인 농도가 높아지면 자연스레 아데노신과 경쟁적으로 수용체에 달라붙는 카페인 분자도 늘어날 것이며, 우리는 점차 강하게 느껴지던 피로를 갑작스럽게 잊게 된다.[2] 다행히 카페인은 체내에서 몇 시간이 지나면 분해되거나 소변으로 배출되기에 영원히 피로를 느끼지 못한 채 몸이 무너져 내리는 비극까지 도달하지는 않는다.

카페인의 효과가 확인된 후 오로지 각성 효과에만 주목한 다른 제품들도 잇따라서 발표된다. 바로 에너지 음료다. 술자리에서 흥겹게 폭탄주를 제조하며 파티를 벌인 경험이 있다면 에너지 음료와 술을 혼합해본 적도 있으리라. 대표적으로 예거마이스터와 에너지 음료의 조합인 예거밤^{Jägerbomb}이 있다. 예거밤은 국내에서 발생한 폭탄주 문화의 산물이라 생각하기도 하는데, 예상외로 1997년경 미국 캘리포니아 지역에서 탄생한 유서 깊은 조합이다. 에너지 음료와 술의 조합은 하나의 장르가 되어 'Alcohol mixed with Energy Drink'의 줄임말인 아메드^{AmED}로 불린다. 달콤하며 향긋한 맛과 함께 왠지 마셔도 잘 취하지 않는 듯해 파티에서 즐기기 좋은데, 실제로 효과가 있으나 그리 안전한 술은 아니니 방심하지 않는 것이 좋다.[3]

주의해야만 하는 이유는 맛있고 잘 취하지 않기 때문이다. 어떻게 봐도 장점으로만 생각되지만, 취하지 않는다는 것은 화재가 발생했는데도 신호나 경보가 울리지 않고 계속해서 연기가 차오르는 상황과 같다. 커피는 깨어 있도록 만드는 각성제이며 알코올은 잠들게 만드는 진정제다. 상반되는 두 가지 효과의 약을 동시에 먹으면 어떤 일이 생길까 궁금증을 가져본 적 있다면 커피와 술을 함께 혹은 번갈아 마셔보는 것으로 체험할 수 있다. 알코올의 진정 효과는 커피의 각성 효과로 상쇄되기에 두 종류의 제어 모두 통하지 않는다. 결국 우리는 취기가 올라 피곤하고 졸리며 뇌가 정상적으로 작동하지 않는 증상을 느끼지 못해 술자리 내내 많은 이야기를 나누고 게임을 즐기며 밤을 보낼 수 있다.

생명의 유지와 성장을 포함한 모든 생명 반응은 화학물질 간의 반응으로 이루어지며, 이를 제어하는 것 또한 화학물질에 의한 결과다. 알코올은 진정, 카페인은 각성이라는 상반되지만 연속선상에 있는 두 가지 작용에 각각 관여하듯 우리 몸의 변화는 대부분 가역적인 화학으로 이루어진다. 비슷한 예시는 더 찾아볼 수 있다. 투구꽃의 독성 물질인 아코니틴^{aconitine}은 세포 내외부에 이온을 전달하는 통로를 강제로 개방한다. 단백질로 이루어진 이온 채널이라는 이 통로로 세포 외부의 나트륨이나 칼륨, 칼슘 이온이 내부로 들어와 전위차를 형성해 신경 신호를 만들고 또 전달한다. 어떤 자극이든 멈춤 없이 끝없이 이어지면 고통이 되는 것처럼 계속되는 신경 자극과 세포막 전위의 불안정화는 부정맥이나 심장마비라는 비극에 도달하게끔 한다. 아코니틴과 정반대의 작용, 즉 이온 채널을 단단히 틀어막는 물질도 있으니 또 다른 맹독성 화합물인 복어의 독 테트로도톡신이다. 만약 두 종류의 독을 섞어 마시면 어떤 일이 생길까? 이독제독以毒制毒이라는 말마따나 균형을 이뤄 다소 불편한 증상이 있겠지만 생명은 유지된다. 물론 배출 시간의 차이 등에 의해 균형이 깨진다면 언제든 치명상이 될 수 있다. 월계수 잎으로 음식의 잡내를 잡아내는 것도, 향수로 악취를 가리는 것도 모두 인체에 대한 결합과 반응 차이에 의한 결과다. 에탄올과 카페인의 경쟁 작용은 기이한 현상이 아닌 지극히도 당연한 화학적 가역성으로 생각할 수 있다.

하지만 취함이 강하게 느껴지지 않을 뿐 에탄올과 카페인은 계속해서 쌓여가는 중이다. 혈중알코올농도와 카페인의 농도가 아무런 징후 없이 증가한다. 오늘 하루의 즐거움을 위해 다음 날의 모든 것을 앞당겨 쓰는 중이라 생각하면 된다. 어찌저찌 파티가 끝나고 잠들었다가 깨면 카페인이 먼저 배출되며 소금씩 눌어뒀던 에탄올의 효과가 터져 나온다. 뇌가 빠르게 마취되기 시작하며 엄청난 양의 아세트알데하이드가 대사되어 두통과 숨 가쁨, 어지럼증과 구토를 일으킨다. 에탄올의 대사에 필요한 당분을 찾을 필요도 없다. 아메드에 사용되는 에너지 음료나 예거마이스터 등은 이미 엄청난 양의 당분을 함유하고 있어, 우리의 간은 온 힘을 다해 숙취 유발 물질을 대량으로 찍어낸다. 그야말로 숙취의 폭풍에서 가까스로 헐떡대며 내 몸의 대사 작용이 조금 더 열정적으로 이루어져 모든 파란이 지나가기만을 간절히 기도하는 시간이 여러분 앞의 전부인 셈이다.

연구를 통해서도 아메드를 마시는 사람이 그렇지 않은 사람보다 더 많은 양의 알코올을 섭취하는 것으로 나타난다. 그럼에도 오늘 하루 즐거우면 괜찮으니 다음 날의 후유증은 다음 날의 나에게 부탁하겠다는 분들에게는 다른 유의점 하나도 꼭 알려야겠다. 가장 대표적인 폭탄주인 예거밤을 기준으로 한다면 보편적인 제조법인 25mL의 예거마이스터와 에너지 음료 반 캔의 조합을 상정할 수 있다. 예거밤 한 잔의 열량은 밥 한 공기에 가까우며, 초코바 1개와 동일한 25g의 설탕과 더블 에스프레소의 1/3 수준인 41mg의 카페인을 함유한다. 신나게 뛰어놀고 떠들며 파티를 즐겨 충분한 운동을 했는데도 점차 배에 살이 늘어난다면, 예거밤을 통해 대량의 열량과 당이 공급되었기 때문이니 괜히 자신의 체질을 탓하지 말자.

술자리 무적의 사나이

상상하기 때문에 두려운 것이라는 말이 있다. 술자리는 즐겁지만 숙취는 두렵다. 그러니 취함과 숙취를 제어할 수 있다면 상황에 맞게 현명한 음주가 가능할 것이다. 이제껏 화학자라는 이유로 많은 사람의 질문을 받기도 했으며, 스스로 고민해보고 직접 임상 실험을 해온 모든 요령을 풀어보려 한다.

술에 천천히 취하고 싶다면 절대 빈속에 술을 마시지 않는 것이 좋다. 식사 때를 놓쳤어도 술자리 전 가볍게 무언가 먹는 사람이 있는가 하면, 술은 역시 빈속에 들이켜야 제맛이라며 자리에 앉자마자 거하게 소맥 한 잔 말아 털어넣는 사람도 있다. 물론 필자는 후자에 해당한다. 하지만 음식 없이 술만 마시면 확연히 빠르게 취하게 된다. 인간의 위는 식도에서 연결되는 분문과, 십이지장으로 불리는 샘창자로 통하는 유문이 각각 입구와 출구다. 물이나 음료가 소화기관을 거치는 것 없이 바로 지나가며 영양소와 수분이 빠르게 흡수되듯, 술만 마실 경우에는 유문이 열린 채 술을 통과시키기 때문에 혈중알코올농도가 빠르게 증가한다.[4] 그와 달리 음식을 미리 혹은 함께 먹는다면 소화를 위해 유문이 닫혀 알코올의 통과와 흡수가 늦춰진다.

몇 가지 연관된 재미있는 이야기가 떠오른다. 음식과 음료를 구분해 유문이 닫히고 열리는 이유는 뭘까? 유문의 개폐 메커니즘은 꽤 복잡한 신경, 호르몬, 운동의 종합적인 결과다. 먼저 우리가 쉽게 상상할 수 있듯 위는 액체 혹은 고체라는 음식물의 물리적 성질과 산도, 농도에 의한 삼투압 등 화학적 성질을 감지해 충분히 소화될 때까지 유문을 닫는다. 위에 음식물이 들어오는 순간부터 위장관 반사gastrointestinal reflex에 의해 위의 운동과 위액 분비 호르몬인 가스트린gastrin, 위산 중화와 유문 폐쇄 호르몬인 세크레틴secretin, 지방이 소화될 때 분비되는 유문 폐쇄 호르몬인 콜레키스토키닌cholecystokinin이 모두 관여한다. 하나 더 흥미로운 사실은 '물도 씹어 먹어라'라는 말과도 연관된다. 위가 음식의 질감을 정밀하게 감지하기는 어려우므로 우리가 턱을 움직여 음식을 씹는 저작 운동은 위장관 반사를 자극해 소화액 분비와 위 운동을 활성화한다. 음식의 존재를 인식해 위장관 전체가 소화 활동을 준비하도록 하는 신호로 작용하며, 만약 씹지 않고 음식을 삼키면 소화가 제대로 되지 않는 것 또한 음식물을 물리적으로 작게 분쇄하는 것 외에도 소화 기능이 덜 적극적으로 이루어지기 때문이다.

 결국 조금 천천히 취하고 싶다면 음식을 미리 먹거나 적어도 안주 삼아 같이 먹는 습관이 중요하다. 만약 식사할 때 술을 곁들이는 반주가 소화를 돕는 듯한 체감이 들었다면 알코올에 의한 효과가 함께 작용했기 때문으로 생각해볼 수도 있다. 빈속에 술을 마시면 속쓰림이 강하게 느껴지는 것처럼 알코올은 위산 분비를 자극하는 물질이기도 하다. 차마 소화를 돕기 위해 식사 때마다 술을 곁들이라는 말은 할 수 없겠지만, 식사와 함께한다면 위산을 묽혀 소화를 방해하는 물에 비해 술은 소화를 조금 더 활발히 보조할 수도 있겠다.

음식을 곁들이기로 했다면 식사가 아닌 안주라고 가정하고 술에 취하는 것을 늦추기 위한 추가적인 선택지가 등장한다. 바로 삼겹살이나 대창 등과 같은 고지방 식품이다. 앞서 설명한 대로 지방을 소화할 때 작용하는 콜레키스토키닌은 유문을 닫는 효과가 있어서 소화를 오래 이어지게 만들어 알코올의 흡수도 지연시킨다.[5] 단순히 알코올 흡수 속도만을 비교한다면 50%가량 지연되니 효과는 확실하다.

의지대로 조절하기 어려운 부분에 대해서는 자신의 상태를 파악해 주량을 조절하는 것도 필요하다. 대표적으로 남성과 여성의 차이다. 언제나 개인 편차와 예외가 있지만 평균적이고 일반적인 상황을 기준으로 한다면 여성은 남성보다 빠르게 취한다. 다양한 과학적 분석에서 성별에 따른 혈중알코올농도 차이가 확립되어 있다. 섭취된 알코올 양은 체중뿐만 아니라 분포 계수$^{distribution\ factor}$로 나누어 성별에 따른 추세를 얻을 수 있는데, 남성은 0.68, 여성은 0.55의 상수가 적용된다. 만약 체중이 같다고 해도 여성은 남성보다 무려 23.6%나 높은 혈중알코올농도를 갖게 된다.

그 외에도 잘 알려진 몇 가지 요인을 함께 고려한다면 알코올은 체지방 내에는 저장되지 않기에 체액 함량이 더 높은 근육량에 의존한다. 특별히 근육을 많이 성장시키지 않았다 해도 체중이 많이 나가면 몸을 지탱하기 위해 골격근량도 함께 높아진다. 결국 체중이나 근육량이 높으면 알코올이 혈액을 타고 영향을 주는 대신 세포에 저장되어 취함에 저항하는 내구성이 커지는 격이다. 골격의 크기와 신체 구조상 남성이 여성보다 알코올에 잘 버티는 이유 중 하나다. 알코올 대사를 위한 효소 역시 남성이 더 활발한 것으로 알려져 있으며, 무엇보다 흥미로운 것은 여성 호르몬인 에스트로젠estrogen의 역할이다.

여성은 알코올 중독에도 취약하다. 중독과 의존성은 그에 대한 쾌감 등의 보상 체계가 확립되어야 작동한다. 뇌의 중뇌 중앙선 근처에 있으며 음주와 감정, 도파민 이야기에서도 등장했던 복측피개영역은 보상과 관련된다.[6] 보상 센터의 뉴런은 에스트로젠 수치가 높을 때 알코올에 대한 반응에 가장 빠르게 분화한다는 사실이 밝혀졌다. 여성 호르몬 수치가 높은 사람일수록 알코올의 쾌감 효과에 더욱 민감하게 반응하며, 이는 주기적으로 여성 호르몬 수치가 변화하는 여성은 특정 시점에는 유독 과음하게 됨을 뜻한다.

원 없이 많은 술을 마시고 싶은데 여성으로 태어났기에 아쉬워할 것까지는 없다. 술을 즐기는 남성에게는 더욱 비참한 상황이 기다리고 있기 때문이다. 술에는 에탄올 외에도 다양한 물질이 함유되어 있으며, 이들은 동족체라 부르는 맛과 향의 핵심이자 숙취의 근원이기도 했다. 동족체에 관한 연구는 방목 사육하는 가축의 거동을 분석하던 연구자들로부터 갑작스럽게 시작된다. 특정 사료와 풀을 먹는 방목 동물들의 생식 능력에 장애가 발생한다는 사실이 조사된 것이다. 원인을 확인한 결과 사료에서 에스트로젠과 유사한 활동을 보이는 물질을 분리했으며, 이를 '비스테로이드성 식물성 에스트로젠'이라 부른다.[7] 문제는 홉, 옥수수, 쌀 등에서 같은 물질들이 확인되었다는 것이며, 모두 술을 빚는 핵심 재료들로 널리 사용된다는 점이다. 음주 빈도가 잦아지면 체내 지방 대사가 가속되며 점점 살이 찌는데, 그 과정에서 남성 호르몬에 비해 여성 호르몬 생성량이 성별을 가리지 않고 늘어난다. 뜬금없이 든 생각이지만 보드카를 비롯한 독하고 순수한 증류주를 사나이의 술이라 일컫는 것은 여성 호르몬을 증가시키는 동족체가 포함되지 않았음을 경험적으로 깨달았기 때문은 아닐까?

술자리가 시작되면 조금 신중히 주종을 고르는 편이 좋다. 아무래도 높은 도수의 술과 낮은 도수의 술 중 하나의 선택지가 주어질 텐데, 천천히 취하고 싶다면 역시 맥주처럼 낮은 도수가 바람직하다. 체내에 공급된 알코올의 흡수는 자연스러운 확산 과정을 거친다. 알코올의 흡수가 가장 활발한 곳은 대부분의 영양소 흡수가 이루어지는 소장이다. 소장 벽면 상피세포의 틈을 지나 모세혈관으로 이동하는데, 맑은 물에 떨어뜨린 잉크 방울이 높은 농도에서 낮은 농도로 자연스럽게 퍼지는 것과 같은 방식으로 알코올 분자들이 이동한다. 높은 도수의 술은 더 많은 양의 알코올을 함유한 만큼 더 빠르게 흡수되어 우리를 취하게 만든다.

예상했겠지만 날씨 역시 술의 흡수와 연관된다. 여름과 겨울 중 언제 더 빠르게 술에 취할까? 왠지 여름이 더워서 신진대사도 더 빠르고 땀을 통해 많은 수분이 배출되기에 몸이 서둘러 술을 흡수해 금세 취할 듯싶지만 정반대다. 우리의 몸은 체온을 유지하는 데 매우 많은 에너지를 사용하며 추울수록 혈액 순환도 더 빠르다. 겨울철 빠른 혈류로 말미암은 고혈압으로 뇌동맥류 등 심각한 문제가 갑작스럽게 발생하는 환자의 빈도가 더 높은 것으로도 이해할 수 있다. 겨울에는 체온 유지를 위해 혈액이 빠르게 순환되므로 알코올 흡수가 빨라져 취하기 쉽다. 따뜻하게 데워진 술이라면 효과는 배가 된다. 그러니 덜 취하고 싶다면 되도록 따뜻하게 차려입어 보온 효과를 높여보는 것은 어떨까?

해장과 숙취해소제의 진실

　온갖 노력에도 불구하고 결국 우리는 취한다. 그것이 술자리의 필연적인 결말이며 단지 종착지에 다다르는 시점을 늦추기 위해 이제껏 장대한 노력을 한 것뿐이다. 경험상 해장의 3요소를 꼽는다면 해장국, 햇빛, 쾌변이 아닐까 싶다. 배변은 실제로 숙취 해소에 도움이 된다. 알코올 대사에서 발생하는 아세트알데하이드는 소변과 대변을 통해 일부 배출될 수 있으며 음주로 불규칙해진 장운동을 정상화해 뱃속의 불편감을 줄여 편안함을 느끼게 한다. 햇볕을 쪼이는 것에서 숙취 해소와 관련된 특별한 과학적 이유는 찾지 못했지만, 단순히 좋은 날씨에 잠시 거니는 것으로 상쾌한 공기를 마시고 기분 전환이 이루어지는 것이 아닐까 생각된다. 그리고 앞서 꿀의 숙취 해소 효과를 논의한 적 있지만, 꿀물은 단지 거들 뿐 다음 날 지친 우리의 육신을 달래주는 것은 조금 더 본격적인 음식이다. '해장'이라 불리는 행위는 오랜 시간 동안 시행착오와 도전을 통해 형성된 만큼 지역과 문화마다 특색이 있다. 대한민국에서는 주로 국물 요리를 선호한다. 돼지 등뼈, 선지, 콩나물 등 온갖 주재료를 바탕으로 요리된 해장국이다. 뒤집힐 것 같은 괴로운 속도 땀을 흘리며 뜨끈한 해장국을 먹으면 생기가 돌며 세상이 다르게 보이는 느낌이 든다.

국가별 해장 문화는 우리의 정서상 이게 맞나 싶은 생각이 드는 경우도 많다. 예를 들어 인접한 일본에서는 녹차를, 이탈리아에서는 에스프레소를 2잔 마신다고 하는데 이 정도는 수긍할 만한 수준이다. 하지만 미국에서는 왠지 속이 느글거릴 듯도 싶은 햄버거가 해장 음식이며, 그리스에서는 버터와 날달걀을 먹는다. 심지어 덴마크에서는 맥주를 마신다. 아무 관계 없는 구성 같지만, 세 가지로 구분해볼 수 있다. 수분과 전해질 공급에 유리한 국물 요리나 차 종류들, 지방 성분과 열량이 높은 음식들, 그리고 그냥 해장술. 문화권마다 개인마다 너무나 다양한 해장 방식이 있어 이들 모두를 정량적으로 비교 분석하는 연구는 이루어진 적 없지만, 보편적으로 알코올로 인해 손실된 수분과 전해질을 보충하는 효과나 기름진 음식이 심리적 만족감과 포만감을 주는 방식으로 각각 작용한다.

　내게 단 하나의 해장 음식을 추천하라면 주저없이 뼈다귀해장국을 권하겠다. 수분과 전해질 공급, 기름기까지 모든 것이 완벽하며, 1회 섭취량 기준으로 분석된 결과를 참고한다면 한국인에게 부족한 영양소 공급에 최적화되어 있다. 식품의약품안전처 식품영양성분 데이터베이스에 따르면 뼈다귀해장국은 칼슘 함량이 670.27mg(2위), 비타민C가 19.87mg(1위), 철 7.06mg(2위), 베타카로틴 1819.13μg(4위), 셀레늄 0.08μg(3위)으로 고르게 뛰어나며 단백질, 아연, 비타민B_1, 비타민B_2 등은 하루 권장량의 100%를 초과 충족할 정도다.

　마찬가지의 관점에서 필자는 스스로에게 최적화된 해장 습관을 확립했다. 전날의 열정에 따라 다음 날 잠에서 깬 후 몸 상태는 천차만별이기에 모든 해장 절차는 적어도 뭔가를 삼키고 버틸 수 있을 정도에서 시작된다. 전날의 동료들과 함께할 여건이 된다면 해장국을 먹으러 가지만, 만약 혼자 해장해야 하는 상황에서는 보통 피자를 먹는다. 다량의 전해질과 토마토 페이스트의 건강한 영양소, 적당한 탄수화물과 단백질, 치즈의 유지방까지 모든 것이 완벽하다. 수분 공급이 부족할 것 같다면 콜라로 대체한다. 과당을 공급함으로써 알코올 대사를 가속해야 하므로 제로 콜라는 금물이다. 해장을 빙자해 도파민 넘치는 식단을 즐기는 것처럼 보일 수도 있고, 건강에 무리가 가는 것은 아닌지 의문을 품을 수도 있다. 어차피 숙취가 남을 정도로 전날 술을 마셨다면 그 자체가 건강을 깎아낸 것은 아닐까.

　이러한 자연적인 숙취 해소보다 조금 더 효과적이고 편리하며 언제 어디서든 가능한 방식을 원한다면 다양한 종류의 숙취해소제에 눈이 간다. 종류도 많고 맛도 좋아서 정말 숙취 해소에 효과가 있는 것일지 의구심이 들기도 한다. 다행히 숙취

해소제 제품마다 성분을 공시할 의무가 있으며 물질의 효과를 이해하기 위한 화학이 준비되어 있다. 먹기 편한 다른 제품들과 달리 기묘한 맛과 높은 가격이지만 효과는 왠지 가장 확실한 듯싶었던 '여명808'은 여명 농축액과 혼합 농축액이라는 두 가지 성분이 표기되어 있다. 그중 오리나무, 대추, 생강 추출물로 이루어진 여명 농축액이 숙취 해소의 핵심이다. '컨디션' 제품군은 헛개나무 열매 추출 농축액을 바탕으로 효모 추출물이나 자리 추출물, 로터스 추출물 등이 포함되었고, '상쾌환'에는 헛개나무 열매와 산사나무 열매, 칡꽃이 사용된다. '레디큐' 역시 헛개나무에 커큐민이 추가된 조성이며, 'RU21'이라는 알약 형태 제품은 비타민C를 비롯해 아미노산과 당 대사 물질 등으로 구성된다.

    종합적으로 봤을 때 헛개나무가 가장 두드러진다. 실제로 헛개나무와 오리나무는 옛날부터 숙취 해소 기능으로 알려져 왔으며 동물실험 연구 결과도 있다. 헛개나무와 오리나무에서 추출한 약용 성분을 말려 분말로 만든 후 쥐를 대상으로 테스트가 이루어졌다. 쥐에게 추출물 분말 5g을 먹인 후 30분 후 에탄올을 구강 투여했을 때 혈중알코올농도 변화를 4시간 동안 분석한 결과, 아무런 처리가 없던 대조군에서는 오차 수준의 알코올 농도 상승(+0.001)이 관찰되고 에탄올만 투여한 비교군에서는 확연한 증가(+0.148)가 나타난 것에 비해 헛개나무 추출물(+0.099)은 빠른 에탄올 분해를 보였다. 오리나무 추출물(+0.129)은 덜한 효과를 보였지만, 흥미롭게도 헛개나무와 오리나무 추출물을 혼합해 투여했을 때(+0.083) 가장 좋은 결과가 나타났다. 만약 더 나은 숙취해소제 개발의 꿈을 가지고 있다면 이전에는 시도되지 않은 두 종류 물질의 혼합을 고려해보는 게 좋겠다.

이러한 추출물은 에탄올에 비해 분자 크기와 질량이 커서 흡수 속도가 느리다. 만약 술자리를 오래 즐기면서도 빠르게 술이 깨고 싶다면 음주 전에 미리 숙취해소제를 먹는 것이 현명하다. 효능의 지속 시간을 함께 고려한다면 임상 실험에서도 6시간 정도를 기준으로 조사된 점을 고려할 때, 시작 전에 먹었다 해도 6시간 이상 지속되는 술자리라면 끝날 때 숙취해소제를 하나 더 먹는 것도 좋다. 우리 걱정만큼 간이나 장기를 혹사하거나 문제를 유발하지는 않는다. 단순히 맛이 좋아 음료 삼아 즐기는 사람들도 있을 정도다. 물론 달콤한 맛에서 예상했겠지만 지나친 당 공급이 이루어질 수 있으니 이 점은 유의하자.

헛개나무 추출물 외에도 매우 다양한 물질이 숙취해소제에 사용되는데, 눈여겨볼 만한 몇 가지를 소개한다면 상황에 따른 숙취해소제 선택에 생각보다 큰 도움이 될 거라 믿는다. 그중 비타민C가 술을 깨도록 돕는다는 소문이 있는데 이는 검증된 바 없다. 하지만 비타민C는 강력한 항산화 물질이기에 알코올 해독이 이루어지는 간세포의 산화 스트레스를 줄이고 간 기능을 유지할 수 있도록 돕는다. 특히 2주 이상 복용하면 아세트알데하이드 제거를 돕는 글루타싸이온glutathione을 증가시키는 것으로 알려졌으니 음주 전후와 무관하게 섭취하는 것도 좋다.

  무엇보다 다양한 제품군으로 판매되는 '모닝케어' 같은 숙취해소제는 '푸석푸석한, 깨질 듯한, 더부룩한'과 같은 표기를 제품별로 넣어두는 경우가 있다. '더부룩한'이라는 문구가 덧붙은 제품에는 양배추 복합 추출물이 함유되었다고 쓰여 있는데, 양배추 추출물이 '캬베진캬베진'이라는 위장 건강 개선용 보충제로 주목받는 것을 본 적 있을 것이다. 사실 캬베진은 상품명이며, 실제 화합물은 메틸메싸이오닌 술포늄 클로라이드methylmethionine sulfonium chloride다. MMSC로 줄여 표기하기도 하며, 비타민U라고도 한다. 여기서 또 하나의 진실을 말하자면 비타민U는 비타민이 아니다. 1950년대 양배추즙에서 분리되며 위궤양을 비롯한 위장 관련 질병에 효과가 있음이 드러났고, 이 물질이 비타민처럼 중요한 역할을 한다고 생각한 연구자들은 궤양ulcer에서 첫 글자를 따 비타민U라는 이름을 붙였다. 그 뒤로 판매 전략에 따라 남아 있는 것이다.

'깨질 듯한'이라는 문구가 덧붙은 제품에는 버드나무 껍질 추출물이 함유되어 있다. 버드나무는 그리스 시대부터 사용되어 온 가장 오래된 해열 진통제로, 지금은 아스피린Aspirin이라는 이름으로 친숙하다. 숙취로 머리가 아프니 진통 성분을 첨가한 것으로 보인다. '푸석푸석한'이라는 문구가 덧붙은 제품에는 히알루론산hyaluronic acid이 사용되었다고 쓰여 있다. 히알루론산은 화장품 등 피부 관리 제품에 흔히 사용되는데, 인체에 자연적으로 존재하는 다당류 물질 중 하나로 50%가량이 피부에 집중되어 있다. 특히 수분을 끌어당겨 잡아두는 능력이 강해 자기 무게보다 1000배나 많은 물 분자를 유지한다. '푸석푸석한 숙취'가 무엇인지 정확히 연상되진 않고 음료로 먹으면 위에서 분해되어 당으로 사용될 뿐이겠지만, 플라세보도 무시할 수 없다.

숙취해소제에 함유된 여러 물질은 제각기 분명한 쓰임새가 있다. 하지만 작은 음료 하나에 녹아 있는 양만으로 원하는 효과가 나타날지는 미지수다. 헛개나무 추출물에 대한 임상 실험에서도 5g의 분말을 체구가 작은 쥐에게 먹였다. 보통 미숫가루 등을 타 먹으려 할 때 한 스푼 크게 떠 올린 것이 5g 정도이니 실제 효과를 보려면 엄청난 양을 섭취해야만 할 것이다.

　해장과 숙취해소제는 분명 효과가 있다. 알코올 분해 대사를 방해하는 몇몇 버섯 안에 들어 있는 물질인 코프린의 효과와 같이 자연에는 알코올과 부산물을 빠르게 분해하는 화학물질도 분명히 존재한다. 미생물에 의한 에탄올의 발효가 자연적인 현상이었던 것처럼, 자연에는 에탄올을 비롯한 화학 분자들을 분해하는 장치도 숨어 있다. 술은 인류 문명의 발전과 유지에 중요하게 작용했으며 그 과정에서 얻어진 후유증의 제어도 우리가 이뤄낸 업적인 셈이다. 단순한 미신이나 비과학적인 기대보다는 해장과 숙취 해소에 숨은 과학 원리를 이해하려는 노력은 조금 더 확신을 가지고 삶을 나아지게 하는 데 작용한다.

아홉 번째 잔은 내일도 술자리에 모일
우리의 열정과 용기에 건배!

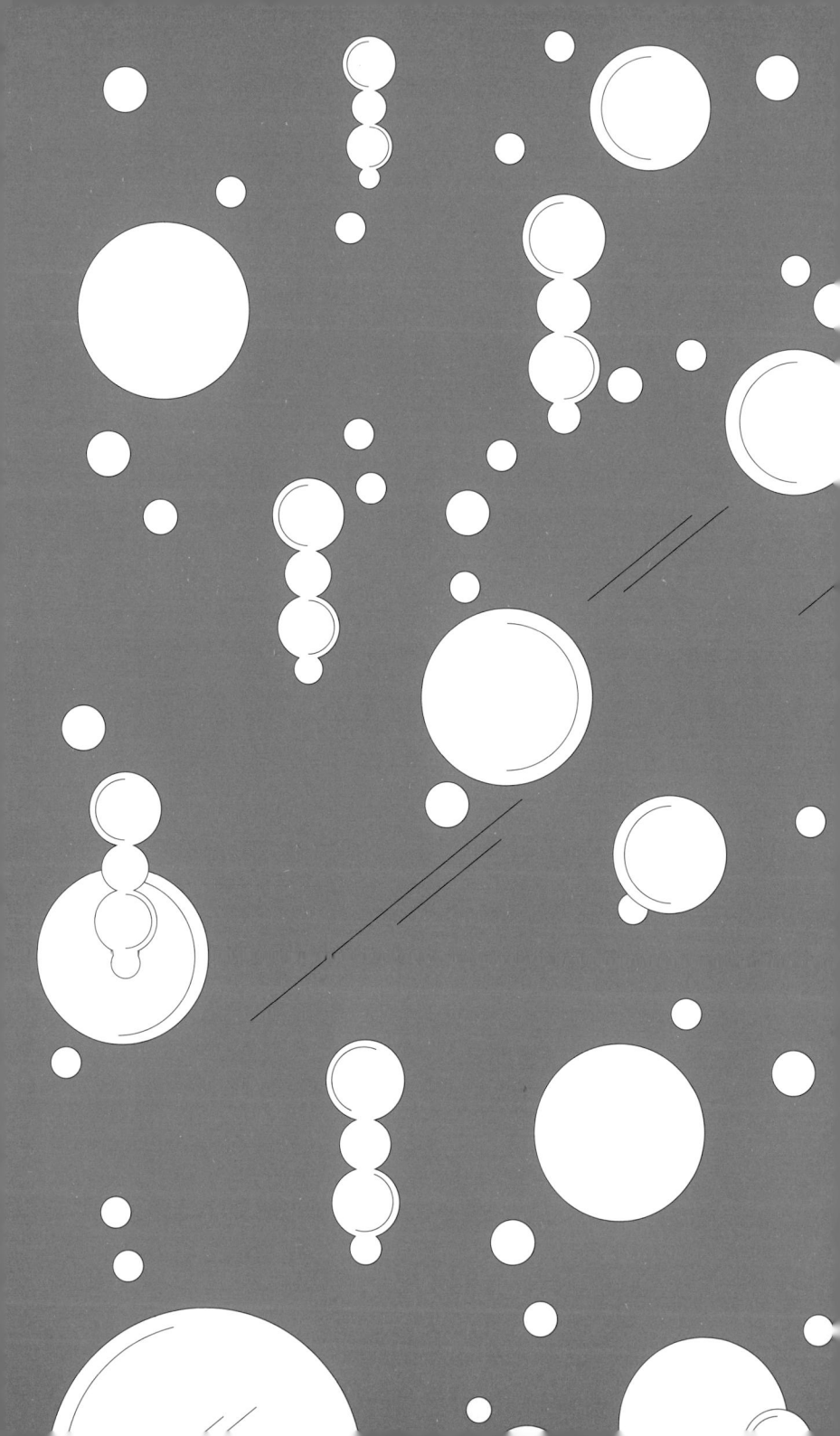

열 번째 잔

술의 마법과 속임수

> 술은 인류 최악의 적이다.
> 하지만 《성경》은 원수를 사랑하라고 했다.
> —프랭크 시나트라 Frank Sinatra

술자리에서 가장 즐거운 시간은 가장 학술적인 순간이다. 고대 그리스의 심포지엄처럼 누군가 꺼낸 주제에 대해 제각기 의견을 내고 언성을 높이거나 시끄럽게 웃어 동조하는 등 어찌저찌 이야기는 계속된다. 가끔은 진지하고 무거운 고민이 화두가 되기도 하지만, 술자리가 깊어지며 점차 어처구니없고 쓸모없는 이야기의 비중이 높아진다. 쓸모없음은 누가 정한 것일까. 분명 그 순간 가장 궁금하고 중요했을 것이며, 혹여라도 다음 날 기억난다면 언젠가 쓸모의 때가 다가올 만한 이야기일 수 있다. 최근 기억을 더듬어보자면 술자리의 우리가 궁금했던 것은 다음 날 해장술을 마실지 말지, 왜 마시는 것이 가치 있을지에 관한 진지한 토론이었다. 왠지 오늘따라 머리가 아프다며 이 술이 가짜일 가능성을 제시한 다른 친구의 이야기는 덤으로 말이다.

해장술 옹호론자 되어보기

　과학을 활용한 수많은 콘텐츠로 가득한 세상이다. 학술적인 이론이나 세상을 바꾸는 뛰어난 발견과 발명을 설명하는 데 과학 원리들이 당연히 사용되지만, 그만큼 상식적이거나 큰 쓸모는 없어 보이고 가끔은 허황된 이야기처럼 들리는 것들에 나름의 신빙성을 부여하는 데도 과학이 사용된다. 귀신이나 괴물, 신화, 우스갯소리 등 모든 것에 과학을 섞어 넣으면 제아무리 말도 안 되는 이야기여도 나름대로 열심히 고민한 티가 난다. 논리가 필요한 사람에게는 확신을 얻어 주장하기 위한 방식이 되기도 하며, 흔들리지 않는 기준이 있는 사람은 한 번쯤 피식 웃고 넘어갈 수 있는 이야기가 되기도 한다.

　그렇다면 술자리의 마지막 파장까지 최대한 늦게 도달하고, 이후에도 헤쳐 나가기 위한 해장 방식까지 논의해봤으니 다음 순서는 명확하다. 진정한 술꾼들이 주장하는 바이자 끝이 곧 새로운 시작이라는 순환의 단계로 접어들기 위한 궁극의 단계인 해장술이다. 술 때문에 발생한 숙취를 이겨내려고 술을 마신다는 표현은 이독제독이나 결자해지 등 사자성어를 가져다 붙여보면 그럴싸하다. 물론 현실적인 상황을 조금이라도 기억해낸다면 어지럽고 속이 뒤집히는 것 같은 숙취 속에서는 녹색 병 그림을 보기만 해도 구역감이 솟구치는데 어떻게 술을 더 마신다는 것인지 경이로울 정도다. 해장술은 몸을 가장 심각하게 파괴하는 행위지만, 이번만은 우리도 과학적 원리를 긁어모아 해장술 옹호론자가 되어보자.

술에 취하며 발생하는 문제의 대부분은 어지러워 몸을 제대로 가누지 못하는 데서 시작된다. 얼굴이 붉게 달아오르고 몸이 뜨거워지고 속이 불편한 정도는 귀가하는 발걸음을 막을 정도로 곤혹스럽지는 않다. 하지만 정말 많은 술을 마시면 뇌와 함께 균형감각이 뒤엉켜 두 다리로 반듯이 서 있는 것조차 어렵다. 나는 어지럽다 생각하지 않는데도 몸이 휘청휘청 기울어지며, 반대로 두 다리에 힘을 주고 벽을 붙잡고 곧게 서 있는데도 이번에는 뇌가 휘청휘청 기울어져 흔들리는 것이 땅인지 나인지 구분하지 못할 지경에 이르게 된다.

극심한 어지럼증과 구토감을 체감하는 이 증상은 멀미[motion sickness]다. 멀미의 원인은 예상치 못한 흔들림으로 인한 정보와 인식의 괴리라 설명할 수 있다. 보통 자동차나 배, 비행기 등에 탔을 때 우리가 직접 제어할 수 없는 형태의 흔들림이 발생하면 멀미가 시작된다. 같은 자동차여도 직접 운전하면 멀미가 거의 없지만, 옆자리나 뒷자리에 앉게 되면 평소와 달리 멀미를 하게 된다. 인간의 가장 강렬한 정보 입력 창구인 시각으로 유입되는 물체의 움직임, 그리고 기울어짐과 회전 등을 인식하는 전정기관인 세반고리관의 인식이 뇌의 처리 과정에서 어긋나는 게 멀미다. 초점이 맞지 않는 안경을 써 두 개의 상이 미묘하게 겹치는 모습을 오래 바라봐도 멀미가 느껴지는 것처럼, 정보가 통합되지 못할 때 일어난다. 어릴수록 멀미가 심하며 나이 들며 멀미가 줄어드는 것 역시 경험에 따른 보정이 관여하기 때문이다. 감각의 노화와 함께 흔들림에 대한 학습된 예측은 뇌에 맺히는 이미지를 비교적 깔끔하게 통합한다. 어찌 보면 멀미가 심한 것은 균형감각이 민감하다는 것이며, 조금 더 멋지게 표현한다면 인간이 정보를 인식하는 오감五感과 눈을 감고도 깊이나 움직임, 자세, 낙하 등 고유 감각 요소를 읽어내는 육감六感의 괴리라 할 수 있다. 반대로 멀미에 대한 면역은 풍부한 경험과 정밀한 보정이 가능하다는 의미이니 부족함이나 과함에서 나타나는 문제는 아닌 셈이다.

    증상과 원리가 과학적으로 밝혀진 모든 것은 대안이 마련될 수 있다. 멀미약에는 독의 일종인 아트로핀atropine이나 스코폴라민scopolamine이 사용되는데, 신경전달물질인 아세틸콜린을 제어해 멀미 신호와 구토 중추 자극에 의한 구토감을 제거한다.[1] 단점이라면 신경과 기억 형성에도 영향을 줄 수 있어서 간혹 여행을 다녀온 기억이 멀미약으로 인해 상실되었다는 사고 뉴스도 접할 수 있다.

긴장감과 메스꺼움, 어지러움, 구토감 모두가 느껴지는 또 다른 상황이 있으니 바로 긴장이다. 수많은 청중 앞에서 제대로 준비되지도 않은 발표를 해야 하는 상황에 놓인다면 과감히 모든 것을 포기하지 않은 한 누구나 극심한 긴장과 불안에 휩싸이게 된다. 그렇다면 긴장 역시 아세틸콜린의 작용에 의한 것일까? 전부는 아니지만 부분적으로 아세틸콜린이 관여한다. 그렇다면 모든 이야기의 원점으로 돌아가 우리만의 해결책이자 전통적인 방안을 제시할 수 있다. 긴장 해소와 신경 자극 둔화에 사용되는 용기의 물약인 술의 복용이다.

에탄올은 멀미약처럼 직접적인 항콜린 작용을 하는 것은 아니지만 중추신경계를 억제하고 가라앉혀 일시적으로 멀미나 긴장 증상을 완화할 수 있다.[2] GABA 수용체 활성화에 의한 현상이며, 너무 긴장될 때 술을 한두 잔 마시면 조금 더 편안하게 분위기를 즐길 수 있던 과거의 경험을 떠올려본다면 타당성이 있는 듯싶다. 물론 너무 많이 마시면 오히려 더 빠르게 구토할지도 모르니 비상용으로만 사용하자.

숙취 중 가장 큰 고통은 멀미와 함께 끝없이 치솟는 구토감이다. 우리가 숙취해소제에 기대하는 것은 어젯밤 들이부은 것보다 더 많은 양을 뱉어내게 만드는 이 끔찍한 고문의 순간을 해소하는 것이지만, 대부분 해결책은 충분한 시간이 지나는 것 외엔 없다. 경험적으로 그나마 도움이 되는 숙취해소제를 추천한다면 성분표를 자세히 살펴보고 생강 추출물이 포함된 것을 고르라는 정도가 있겠다. 생강에는 진저롤^{gingerol}이나 쇼가올^{shogaol}을 비롯한 여러 화학 분자가 다량 함유되어 있으며, 이들의 주요한 기능 중 하나가 항콜린 효과다.[3] 멀미약과 같은 방식으로 작동하는 물질들이며 독성이 없는 천연물이므로 어지럼증과 구토감을 가라앉히고 싶다면 생강차나 생강 함유 음료를 마셔보길 바란다.

재미있게도 해장술의 가장 과학적인 가치가 여기 적용된다. 전정기관이 움직임을 감지해 균형 정보를 뇌에 전달하는 방식은 내부에 채워진 림프액과 이석의 이동을 통해서다. 몸이 기울거나 움직이면 림프액과 이석이 반고리관 안에서 이동하며, 중력의 작용을 받는 이석과 흔들림과 회전에 관여된 림프액의 흐름이 감각세포를 자극해 전달할 정보를 만들어낸다. 다시 말해 림프액이나 이석에 문제가 생기면 우리는 끝없는 어지럼을 느끼며 몸을 가누기 어려워지는 현훈^{vertigo} 증상을 겪는다.

술을 마시면 체액을 구성하는 물(0.995g/mL)보다 밀도가 낮은 에탄올(0.789g/mL)이 확산되면서 모세혈관 속 혈액과 내이 림프액의 밀도가 달라진다. 내이 림프액endolymph과 평형 소모cupula의 밀도가 달라지면서 반고리관 내부에서 비정상적인 부력 효과가 생기며, 이 때문에 어지럼증이 유발된다.[4] 당연히 마신 술의 양이 많을수록 혈액 내 에탄올 농도가 높아지므로 어지럼증이 더 심해질 수 있다. 그렇다면 술을 마신 다음 날 침대에서 눈을 떴을 때 다시 어지러움을 느끼는 이유는 무엇일까? 이것은 가역적인 변화 때문이다. 전날 높은 농도였던 에탄올이 혈류에서 제거되면서 다시금 밀도 차이가 반대 방향으로 형성된다. 처음에는 가벼워져 부유하는 효과를 보였지만, 시간이 지나면서 에탄올이 대사됨에 따라 다시 무거워지면서 반대 방향으로 밀도 차이가 발생하고, 이에 따라 어지럼증이 다시 나타난다. 밀물에 의해 쓸려왔던 모래알들이 썰물에 의해 다시 쓸려나가는 과정을 떠올리면 된다.

이와 관련된 신경 체계를 전정안구반사Vestibulo-Ocular Reflex, VOR라고 하며, 술에 취할수록 이 반사가 정상적으로 작동하지 않게 된다. 특히 전정계가 인식하는 신체의 움직임과 눈이 반응하는 속도가 일치하지 않게 되면서 안구가 고개를 따라오지 못하게 된다.[5] 반대로 물보다 밀도가 높은 액체를 들이켜면 정반대의 방향으로 어지럼증이 생겨날 수 있다. 수소^{H}에 중성자가 하나 추가된 중수소$^{deuterium, D}$로 이루어진 중수^{D_2O}는 물보다 밀도가 1.1배 높아서 우리가 기대하는 효과가 구현될 수 있다.[6]

이제 해장술을 투입하자. 급격히 줄어들며 어지럼을 유발하던 에탄올 농도는 갑작스레 보충된 에탄올에 의해 평형을 이루며 말끔한 균형감각으로 복귀할 수 있다. 조금 더 지나면 다시금 어지러울 수 있겠지만, 투입된 해장술은 잠시의 어지럼 유예기간을 부여함과 동시에 본래의 역할인 진정과 뇌 마취를 재개한다. GABA 억제 작용은 숙취로 인한 다양한 신경과민 증상을 일시적으로 억제한다.

과연 해장술은 두통마저 줄일 수 있을까? 이론상 가능하다. 숙취로 두통이 발생하는 것이 어떤 화학물질이 뇌에서 작용하기 때문임을 떠올려보자. 에탄올과 그 대사 산물인 아세트알데하이드, 아세트산 중 하나다. 인체에서 가장 중요한 장기를 꼽으라면 항상 심장과 뇌가 마지막 경쟁자가 된다. 하지만 심장은 멈춰도 심폐소생술이나 제세동기를 이용해 움직임을 재개할 수 있으며, 문제가 발생해도 수술을 통해 다른 심장이나 인공 심장을 이식할 수 있다. 이와 달리 뇌는 재생되지 않으며, 타인의 뇌나 기계로 교체한다면 그것이 과연 이전과 동일한 사람이라 말할 수 있을지에 관해서는 누구도 자신할 수 없다. 그만큼 뇌는 가장 본질적이며 중요한 단 하나의 장기다. 이를 보호하기 위해 인체에는 혈액뇌관문Blood-Brain Barrier, BBB이라는 굳건한 장벽이 구축되어 있다. 혈액에서 뇌로 물질이 이동하는 것을 제한하는 장벽이며, 뇌가 사용하거나 배출하는 특정 물질이나 지용성 분자 정도가 통과하게 된다.

하지만 에탄올은 매우 작은 분자이며 물보다 지용성이 강해 혈액을 타고 뇌로 손쉽게 이동한다. 에탄올의 영향으로 뇌의 중추신경계가 조절될 수 있는 이유다. 최종 대사 산물인 아세트산은 산성 물질로 구분되는 강한 극성을 갖는 형태여서 관문을 지나칠 수 없다. 그리고 모든 숙취 증상을 만들어내는 독성 분자인 아세트알데하이드는 제한적이지만 관문을 통과한다. 뇌로 이동한 아세트알데하이드는 뇌에 산화 스트레스를 유발하며 염증 반응을 일으키기에 두통이 생겨날 수 있다. 더욱이 뇌혈관 내피세포의 손상은 혈관을 수축시켜 두통의 원인이 될 수도 있다. 이 순간 해장술을 마시면 에탄올의 혈관 확장 효과에 의해 두통이 완화되는 느낌이 들기도 하는데, 너무나 많은 요인이 관여하는 만큼 절대적인 규칙으로 보기는 어렵겠다.

이처럼 해장술의 이론적 효과는 다소 오묘하지만 긍정적으로 해석될 여지가 있다. 증가 후 감소 추세에 있던 도파민의 분비를 재개해 활력이 돌고 일시적으로 기분이 좋아질 수도 있으며, 알코올 대사 과정 중 소모되는 당분과 간의 포도당 생성 억제로 느껴지는 저혈당 현상이나 탈수 증상도 술로 일부 완화된다. 하지만 우리는 모두 결말을 알고 있다. 제아무리 해장술이 나름의 과학적 원리를 통해 기만적인 숙취 완화 작용에 이바지할 수 있을지 몰라도 근본적인 해결이 아닌 알코올 돌려막기 운영인 만큼 더욱 심각한 숙취와 의존성, 장기적인 악화를 가져올 수 있다는 사실을 말이다.

가짜가 지배하는 세상

앞서 분석 기술을 통해 규명된 술의 화학적 조성을 바탕으로 발효와 숙성이 아닌 화학 합성과 조합으로 만들어낸 술에 대해 살펴본 바 있다. 여기서 한 단계 더 나아가 술이 아닌 술, 그리고 가짜 술을 분간하기 위한 또 다른 기술도 탄생했다. 오늘날 우리가 우려하는 가짜 술은 값싼 술을 오랜 시간 숙성한 값비싼 술인 것처럼 속여 판매하는 정도지만, 과거에는 메탄올이나 다른 성분을 혼합해 값싸게 만들어져 생명을 위협하는 술도 있었다. 국내 유통되었던 술 중 이제는 전설로 남아 진품을 구하기 어려울 지경이 된 '캡틴큐^{CaptainQ}'를 떠올릴 수 있다.

'캡틴큐'가 목숨을 위협할 정도의 불법적인 재료로 만들어진 가짜 술이었던 것은 전혀 아니다. 주머니 사정이 좋지 않을 때도 당시 유행하기 시작한 양주를 마시는 기분을 낼 수 있도록 만들어진 술이었으며, 비록 위스키나 브랜디는 아니지만, 당시에는 럼 원액을 혼합한 대중 양주 중 하나였다. 하지만 1990년대 초반부터 럼 원액 없이 주정과 시럽, 럼 향 물질을 혼합해 제조하기 시작하며 심각한 숙취를 일으키는 전설의 술로 남았다. 심각한 숙취를 부른다는 이야기와 달리 '다음 날 숙취가 전혀 없다'는 별명을 달고 있기도 한데, 마시면 이틀 후에야 정신이 들고 깨어나기에 바로 다음 날에는 숙취가 없는 게 사실이라는 우스갯소리다.

값비싼 가짜 위스키로 유명한 사건은 2017년 스위스의 휴양지인 장크트모리츠$^{Sankt\ Moritz}$의 한 고급 호텔에서 벌어졌다. 무려 140여 년 전 제조되어 더는 구하기 어려울 정도인 1878년산 맥켈런^{Macallan} 싱글 몰트위스키 한 잔이 손님에게 판매되는데, 당시 가격으로 9,999스위스프랑, 한화 1,350만 원이었다. 수요와 공급이 맞아떨어졌으니 모두가 행복한 결말이어야겠지만 안타깝게도 가짜였다. 코르크나 병의 라벨 사진을 본 전문가들이 의문을 제시했고, 탄소 연대 측정 결과 1878년산이 아닌 1970년 전후로 만들어진 술이었다.

값비싼 진품을 본뜬 위조품 제조는 인류 역사와 함께한다.

고대 이집트에서도 물품을 금으로 도금하는 기술이나 인공 보석을 만드는 방법이 파피루스에 기록되기도 했고, 고대 로마에서 제작된 최초의 백과사전인 플리니우스Gaius Plinius Secundus의 《박물지Naturalis historia》에는 가짜 와인에 대한 우려가 쓰여 있었다. 와인이 대표적인 기호식품이었으며 유럽에서는 물 대용으로 사용되기도 했을 정도니 가짜 와인 사고는 끝없이 반복된다. 1985년에는 더 달콤한 와인을 만들겠다는 목적으로 대사 독성 물질이자 부동액의 주재료인 에틸렌글라이콜을 몰래 혼합한 일이 오스트리아에서 발생해 와인 산업 자체가 무너질 뻔한 위기에 처한 적도 있었다.

제아무리 복잡한 술도 인간의 몸에 비교될 수는 없다. 다양한 진단법으로 질병을 분간하고 치료할 수 있다면 술의 성분을 분석해 진품 여부를 확인하는 것도 충분히 가능하다. 초기 연구 중에는 술 한 방울을 채취해 증기로 만든 뒤 분석기를 통과시켰을 때 화학적으로 반응하는 잉크로 구성된 36개 요소의 센서를 이용해 주류를 구분하는 '광전자 코optoelectronic nose'라는 기술이 개발되기도 했다.[7] 최근 떠오르는 나노기술을 이용한 방식도 가능하다. 금^{Au}은 10^{-9}m를 의미하는 나노미터 규모 세계에 돌입하면 완벽히 다른 특징을 보인다. 더는 황금빛 광채를 흩뿌리지 않고 오히려 모양에 따라 붉은색, 보라색, 푸른색 등 총천연색의 액체로 관찰된다. 환경에 따라 만들어지는 금의 모양은 제각각이며 이로부터 나타나는 색상 역시 다채로우니, 리트머스 시험지로 용액의 산성도를 분간하듯 금 나노입자가 만드는 색깔로 술의 종류나 성분 비율을 대략적으로나마 확인할 수 있다.[8] 정밀한 성분과 함량을 알아낼 수는 없지만 대략 몇 종류의 위스키를 분간하는 데는 충분했다.

가장 최근의 독특한 술 분간 기술은 일상에서 무심히 지나쳤을 사소한 현상에서 영감을 얻어 완성된다. 탁자나 종이 위에 커피 한 방울이 떨어졌을 때 물이 증발하고 남겨진 모양은 제각기 다르다. 동그란 고리 모양으로 남겨질 수도 있고 내부까지 꼼꼼하게 채워진 자국이 남기도 한다. 성분과 농도, 주위 습도 등에 따라 증발 속도가 달라졌기 때문이며, 처음 관찰된 음료의 이름을 따 '커피 링 효과coffee ring effect'라 부른다. 복잡한 화합물인 커피가 만드는 무작위적인 패턴에 비해 재료와 숙성도, 술의 종류 등에 따라 엄격히 구분된 위스키라면 같은 효과를 통해 만들어지는 패턴을 가려낼 만한 차이가 발생할지도 모른다. 특히 위스키는 숙성되는 동안 지질 구조를 갖는 일종의 계면활성 분자들이 작용해 비늘처럼 아름답고 균일한 코팅을 만들게 되는데, 대표적으로 스카치위스키가 그렇다. 이와 달리 특유의 피트 향을 넣기 위해 탄화된 캐스크에서 숙성시키는 미국식 위스키에서는 차이가 나타났다. 거미줄과 유사한 패턴이 술의 종류마다 다르게 형성된 것이다. 한 방울의 위스키와 확대경과 휴대전화 카메라만 있다면 술의 종류를 90% 이상 정확도로 분간할 수 있다.[9]

위스키보다 복잡하고 섬세한 술도 가능할까? 이를테면 와인 말이다. 과학 분석 기기와 인공지능의 힘을 빌려 충분히 가능하다. 어릴 적 학교 수업 시간에 분필이나 종이에 수성 사인펜으로 점을 찍은 후 물에 끝부분을 살짝 담그면 점차 잉크가 번져가는 모습을 관찰한 적 있을 것이다. 새카만 색으로만 보였던 잉크가 빨강, 초록, 파랑 등 다양한 구성 요소로 분리되는 모습은 마치 예술 작품을 보는 듯도 싶다. 단순한 실험이지만 크로마토그래피chromatography라는 이 기법은 복잡하게 뒤섞인 화학물질을 하나씩 분리하는 작업부터 마약 등 의심스러운 위험물 반입 여부를 검출하는 데도 사용된다.

화학 분자마다 모양이나 크기, 질량이 다를 테니 크로마토그래피를 이용해 와인 속 성분들을 하나씩 분리할 수도 있다. 재미있는 점은 인간이 분간하기 어려운 복잡한 정보들을 정리하는 데는 인공지능의 객관적이고 빠른 처리 능력이 빛을 발한다는 부분이다. 같은 지역의 다른 와인들이 서로 다른 화학적 특징을 갖는지 보기 위해 프랑스 보르도Bordeaux 지역의 7개

농장에서 수십 종의 와인을 선정해 원산지와 빈티지를 포함한 분석 데이터를 학습시켰다. 이후 전혀 학습되지 않은 와인들을 식별시키자 인공지능은 생산 농장을 완벽히 맞췄다. 이 실험은 매번 다른 와인에 대해 50번 반복되었으며, 모든 시도에서 인공지능 소믈리에는 정답을 제시했다. 두 가지 무시무시한 점은 화학적 판독 데이터의 단 5%만 제공했을 때도 정확한 답을 찾아냈다는 것과, 가론Garonne강 한쪽에서 만든 와인과 강 건너 반대편에서 만든 와인조차 구별해냈다는 것이다.[10]

  인공지능의 발전이 인간의 직업과 역할을 빼앗을 것이라는 걱정을 품고 있는 부정적 측면의 사람들과 오히려 효율성을 높여 인간은 자기 자신을 위한 시간을 더 많이 할애할 수 있으리라는 긍정적 측면의 사람들이 대립하고 있다. 확실한 것은 인공지능 소믈리에는 인간을 완벽하게 대체할 수 있으리라는 예상이다. 하지만 너무 걱정하진 말자. 적어도 술을 마시는 것만큼은 인공지능이 감히 따라올 수 없을 정도로 우리가 우세하다.

열 번째 잔은 계속될 우리의 낭만에 건배!

마지막 잔

술에 대한 못다 한 이야기들

휘발성 물질이 술의 매혹적인 향을 만든 것처럼, 술자리도 휘발성이다. 전날 울고 웃으며 나눈 많은 이야기는 해가 뜨며 어딘가로 홀연히 날아간다. 이제껏 나눈 술에 관한 이야기들도 일부에 불과하다. 술의 종류마다 제조자와 지역, 역사와 시대, 문화가 새겨져 있다. 조금 더 강렬한 이야기를 원한다면 술에 관련된 사건이나 기이한 일화를 조사해보는 것도 즐거울 것이다.

르네상스 시대에 타락한 교황들을 배출해낸 것으로 유명한 스페인 기원의 이탈리아 귀족 가문 보르자Borgia는 매력적이다. 게임 등 대체 역사를 채용하는 미디어에서도 보르자 가문은 흑막으로 등장하기도 하며, 실제로도 인류 역사상 최초의 범죄 가문이자 이탈리아 마피아의 선구자로 취급되기도 한다.

이탈리아의 꽃이라 불리던 대표적인 팜파탈 루크레치아 보르자Lucrezia Borgia와 중세 예수 그리스도 초상화의 모티브가 되기도 했다는 체사레 보르자Cesare Borgia도 유명하지만, 우리의 이야기에서는 칸타렐라Cantarella라는 보르자 가문 특제 암살독을 빼놓을 수 없다. 과거 우리나라의 사약賜藥처럼 정확한 성분은 전해오지 않지만, 술에 타 암살에 유용하게 사용되었음은 널리 알려져 있다. '상속의 가루inheritance powder'라 불리던 비소As 역시 마찬가지다. 무색·무취·무미의 독성 물질인 산화 비소는 은밀하게 와인에 녹아 재산이나 지위를 상속받고 싶은 사람들이 애용하던 물질이었다. 술은 물에 잘 녹지 않는 많은 것을 액체 형태로 녹여낼 수 있어 음식의 향이나 맛을 돋우기 위함은 물론 다양한 천연 동식물의 약용 성분을 빼내기 위해 쓰이기도 했으며, 이처럼 중독과 암살을 위한 도구로도 사용되었다. 여기에는 알코올이라는 화학물질의 특성이 중요했지만, 어느 순간이고 우리의 마음을 흔들고 손이 가게 만드는 술의 마력도 한몫했을 것이다.

다양한 술과 재료를 혼합해 만드는 칵테일도 이야깃거리로 충분하다. 진을 베이스로 삼아 매력적인 녹색 술 압생트가 재료로 들어가는 칵테일 '미키 슬림Mickey Slim'의 검증되지 않은 일화를 들어본 적 있는가. 20세기 중반 기적의 살충제로 말라리아모기를 비롯한 해충을 모조리 박멸하는 데 입지전적인 역할을 했던 DDT라는 물질이 있다. 다이클로로다이페닐트라이클로로에테인Dichlorodiphenyltrichloroethane이라는 길고도 화학적인 이름의 알파벳으로 불리는 이 물질은 뛰어난 살충 효과가 발견되며 1948년 노벨 생리의학상의 주인공이 된다. 태평양전쟁에서도 티푸스나 말라리아, 뎅기열로부터 병사들을 보호하는 데 크게 이바지하며, 한국전쟁에서도 빈대와 이의 개체를 줄여 많은 사람을 구한다. 하지만 심각한 생체 축적과 독성을 보인다는 부작용이 드러나며 그 유명한 레이철 카슨Rachel Carson의 저서 《침묵의 봄Silent Spring》을 통해 국제사회에서 금지된다. 어딘가에 좋다는 소문이 돌면 오해와 의심을 무릅쓰고 상품화되는 것처럼 DDT를 넣어 만든 칵테일이 미키 슬림이라는 이야기도 있다. 지금까지 남아 있는 가장 파괴적인 칵테일인 몰로토프 칵테일Molotov cocktail은 그 무엇보다 화끈하다. 핀란드의 국영 주류회사인 알코Alko에서 제조되었으니 정말 술로 생각될 수도 있지만, 겨울전쟁 당시 소련의 외무인민위원 뱌체슬라프 몰로토프Vyacheslav Molotov의 기만에 반발하며 탄생한 투척형 인화 무기, 소위 화염병이었다. 이후로도 과학계에서는 다양한 재료를 섞어 만든 혼합 용액을 칵테일이라 불렀으며, 지금도 흔히 사용하는 표현이다.

술이 좋아서 술을 마시거나, 술자리를 좋아해 술을 마신다고 이야기하는 사람들이 대부분이다. 가장 대표적인 이유임이 틀림없지만, 가끔은 술이 재미있어 마실 수도 있다. 우리가 이야기한 것처럼 첫 잔부터 마지막 순간까지 내 몸과 정신이 변해가는 과정이나, 다음 날의 예정된 후유증 체감, 그 모든 것을 제어하고 조절하는 과학까지 사소한 면이 단 하나도 없다. 조금만 찾아본다면 술의 종류만큼 다채로운 이야기가 있으며, 지금 이 순간에도 칵테일의 조합이나 술과 잘 어울리는 안주를 조합하는 묘미를 발견하려는 도전이 이어지고 있다. 술이 인류와 함께한 지 1만 년이 흐른 지금도 우리는 반쯤 감긴 눈으로 이 투명한 액체에서 많은 것을 설명하려 들여다보고 있다.

마지막 잔은 언젠가 함께할
우리의 시간을 위해 건배!

미주

첫 잔 술을 마시는 이유

1. 공유, 김고은 주연의 드라마로 2016~2017년 국내 방영되었다.
2. 발효(fermentation)와 부패(putrefaction)는 인간 관점에서 유익함과 불쾌함을 기준으로 나뉜다. 식품 등 유용성이 있는 미생물 대사 반응의 결과는 발효로, 악취와 독소를 만들어내는 결과는 부패로, 지극히 인간 중심적 관점에서 불명확하게 구분된다.
3. 독일의 화학자 안드레아스 지기스문트 마르그라프(Andreas Sigismund Marggraf)는 1747년 포도에서 당분을 분리한다. 이후 고대 그리스어로 달콤하다는 의미의 'γλυκύς(glykýs)'에서 유래한 와인(γλεῦκος[gleûkos])으로부터 글루코스(glucose)라는 이름이 붙게 된다. 국문으로는 포도에서 발견된 최초의 당분으로 포도당이 된다. 참고로 마르그라프는 금속원소 아연(Zn)의 분리와 사탕무에서 설탕을 추출하는 업적을 남긴 화학자다.
4. 설형(楔形)문자는 고대 메소포타미아 문명권과 인근에서 사용되었으며, 쐐기 모양처럼 생겨서 쐐기문자(cuneiform)라고도 불린다.
5. 글을 아는 사람이 적은 시기였던 만큼 닌카시 여신을 향한 찬송가를 통해 맥주 양조법을 기억하고 전수하는 방식이 사용되었다. 두 번 구운 보리빵을 뜻하는 바피르(Bappir)와 흐르는 물, 꿀과 대추야자를 이용한 발효 과정이 기록되어 있다.
6. L. Dietrich, E. Götting-Martin, J. Hertzog, P. Schmitt-Kopplin, P. E. McGovern, G. R. Hall, W. C. Petersen, M. Zarnkow, M. Hutzler, F. Jacob, C. Ullman, J. Notroff, M. Ulbrich, E. Flöter, J. Heeb, J. Meister, O. Dietrich, "Investigating the Function of Pre-Pottery Neolithic Stone Troughs from Göbekli Tepe—An Integrated Approach", *J. Archaeol. Sci. Rep.* 34, 2020, 102618.

7. 독소(toxin)는 독성을 갖는 물질을 뜻한다. 흔히 독소가 활용되는 경우 독이라 불리는데, 독소를 가진 생물의 공격으로 주입되는 방식의 베놈(venom)과 섭취 등을 통해 유입되는 포이즌(poison)으로 나뉜다. 우리말에서는 두 경우 모두 단순히 독이라 표현되지만, 영어에서는 적용 방식에 따라 뱀독(snake venom)이나 버섯독(mushroom poison)처럼 엄밀히 구분된다.
8. 브렌트 벌린(Brent Berlin)과 폴 케이(Paul Kay)의 저서 《기본 색상 용어와 보편성의 진화(Basic Color Term: Their Universality and Evolution)》에서 언어 진화와 색상 용어의 발전을 해석한다. 일례로 고대 그리스의 문호 호메로스의 《일리아스》나 《오디세이》에는 파란색이라는 단어가 등장하지 않으며, 바다를 와인 색상으로 묘사한다.
9. E. Callaway, "Evolutionary Biology: The Lost Appetites", *Nature*, 486, 2012, S16-S17.

두 번째 잔 술은 생명의 물이다

1. L. Bielefeld, V. Auwärter, S. Pollak, A. Thierauf-Emberger, "Differences between the Measured Blood Ethanol Concentration and the Estimated Concentration by Widmark's Equation in Elderly Persons", *Forensic Sci. Int.*, 247, 2015, 23-27.
2. J. A. Coker, "All About Extremophiles", *Fac. Rev.*, 12, 2023, 27.
3. V. Postigo, M. Garcia, T. Arroyo, "Study of a First Approach to the Controlled Fermentation for Lambic Beer Production", *Microorganisms*, 11(7), 2023, 1681.
4. 위스키(whiskey)는 생명의 물이라는 뜻의 고대 아일랜드어 'Uisce beatha'가 스코틀랜드-게일어 'Usquebaugh'를 거쳐 지금의 형태로 만들어진 것으로 여겨진다. 생명의 물은 에탄올을 상징하는 말이기도 하다.
5. 브랜디(brandy)는 네덜란드어로 증류를 뜻하는 'branden'과 와인을 뜻하는 'wijn'이 결합해 '증류된 와인'이라는 뜻의 'brandewijn'이 변화해 만들어진 단어다. 이름 그대로 증류한 와인을 뜻한다.
6. V. Carravetta, A. H. de Abreu Gomes, R. R. T. Marinho, G. Öhrwall, H. Ågren, O. Björneholm, A. N. de Brito, "An Atomistic Explanation of the Ethanol-Water Azeotrope", *Phys. Chem. Chem. Phys.*, 24(42), 2022, 26037-26045.
7. S. C. Rasmussen, *The Quest for Aqua Vitae: The History and Chemistry of Alcohol from*

Antiquity to the Middle Ages, Springer, 2014.

8. P. Nicoletti, M. Trevisani, M. Manconi, R. Gatti, G. De Siena, G. Zagli, S. Benemei, J. A. Capone, P. Geppetti, L. A. Pini, "Ethanol Causes Neurogenic Vasodilation by TRPV1 Activation and CGRP Release in the Trigeminovascular System of the Guinea Pig", *Caphalalgia*, 28(1), 2008, 9-17.

9. T. I. Kichko, W. Neuhuber, G. Kobal, P. W. Reeh, "The Roles of TRPV1, TRPA1, and TRPM8 Channels in Chemical and Thermal Sensitivity of the Mouse Oral Mucosa", *Eur. J. Neurosci.*, 47(3), 2018, 201-210

세 번째 잔 오감의 예술

1. F. Rosell, *Secrets of the Snout*, M. Bekoff, D. Oatley, University of Chicago Press, 2018, ISBN 978-0-226-53636-1

2. X. Duan, E. Block, Z. Li, T. Connelly, J. Zhang, Z. Huang, X. Su, Y. Pan, L. Wu, Q. Chi, S. Thomas, S. Zhang, M. Ma, H. Matsunami, G.-Q. Chen, H. Zhuang, "Crucial Role of Copper in Detection of Metal-Coordinating Odorants", *Proc. Natl. Acad. Sci.*, 109(9), 2012, 3492-3497.

3. W. B. Jensen, "The Origin of Alcohol Proof", *J. Chem. Educ.*, 81(9), 2004, 1258.

4. D. I. Mendeleev, *О соединении спирта с водою*, St. Peterburg: University of St. Petersburg, 1865.

5. B. C. G. Karlsson, R. Friedman, "Dilution of Whisky — The Molecular Perspective", *Sci. Rep.*, 7, 2017, 6489.

6. V. Trifonov, D. Petrov, L. Savelieva, "Party Like a Sumerian: Reinterpreting the 'Sceptres' from the Maikop Kurgan", *Antiquity*, 96(385), 2022, 67-84.

7. 기체를 의미하는 'Gas'라는 단어가 혼돈을 뜻하는 'Chaos'에서 유래한 것은 이러한 이유다.

8. D. W. Lachenmeier, J. Emmert, T. Kuballa, G. Sartor, "Thujone — Cause of Absinthism?", *Forensic Sci. Int.*, 158(1), 2006, 1-8.

9. M. Böhm, S. Rosenkranz, U. Laufs, "Alcohol and Red Wine: Impact on Cardiovascular Risk", *Nephrol. Dial. Transplant.*, 19(1), 2004, 11-16.

10. "왕의 명령에 따라 형제 존 코어에게 아쿠아 비테를 만들기 위해 8볼의 맥아를 지급하다(Et per liberacionem factam fratri Johanni Cor per preceptum compotorum rotulatoris, ut asserit, de mandato domini regis ad faciendum aquavite, infra hoc compotum viij bolle brasii)."

볼(boll)은 과거 스코틀랜드에서 사용되던 곡물의 부피 단위다. 1볼은 약 6임페리얼 부셸(imperial bushels)에 해당하며, 이는 총 218.2L로 환산된다. 존 코어가 받은 8볼의 맥아는 1~1.2톤에 해당하는 양으로 추산된다.

네 번째 잔 용기와 행복의 물약

1. 원문은 다음과 같다. "Beer, if drunk in moderation, softens the temper, cheers the spirit and promotes health."
2. 뇌의 약 60%는 지질이다. 나머지 40%는 수분과 단백질, 탄수화물, 다양한 염과 화합물로 구성된다. 뇌에는 근육이 없으며 수많은 혈관과 신경세포로 구성된다. 약간은 부적절한 예시일 수 있지만, 뇌 요리를 먹어본 적 있다면 부드러운 식감과 기름진 성분을 떠올릴 수 있을 것이다.
3. K. Abernathy, L. J. Chandler, J. J. Woodward, "Alcohol and the Prefrontal Cortex", *Int. Rev. Neurobiol.*, 91, 2010, 239-320.
4. 원문은 다음과 같다. "Οὔτε γάρ πω Σωκράτη οἶδα μεθύοντα, καίπερ πολλὰ ἤδη ἐγὼ πειρώμενος."
5. 퍼트리샤 하이스미스(Patricia Highsmith)의 소설《재능 있는 리플리 씨(The Talented Mr. Repley)》에서 묘사된 주인공 톰 리플리의 행동에서 유래한 심리학적 개념이다. 현실 부정과 왜곡, 거짓된 이야기와 환상에 몰입해 정체성을 형성하는 경우를 의미하며, 공식적인 정신의학적 진단명에 해당하지는 않는다.
6. M. Grieder, L. M. Soravia, R. M. Tschuemperlin, H. M. Batschelet, A. Federspiel, S. Schwab, Y. Morishima, F. Moggi, M. Stein, "Right Inferior Frontal Activation during Alcohol-Specific Inhibition Increases with Craving and Predicts Drinking Outcome in Alcohol Use Disorder", *Front Psychiatry*, 13, 2022, 909992.
7. K. Lin, M. Wroten, "Ranchos Los Amigos", Treasure Island(FL): StatPearls, 2022.
8. R. A. Gonzales, M. O. Job, W. M. Doyon, "The Role of Mesolimbic Dopamine in the

Development and Maintenance of Ethanol Reinforcement", *Pharmacol. Ther.*, *103*, 2004, 121-146.
9. M. E. Charness, "Ethanol and Opioid Receptor Signalling", *Experientia*, *45*, 1989, 418-428.

다섯 번째 잔 술자리 전략 백서

1. M. Fabbrini, F. D'Amico, M. Barone, G. Conti, M. Mengoli, P. Brigidi, S. Turroni, "Polyphenol and Tannin Nutraceuticals and Their Metabolites: How the Human Gut Microbiota Influences Their Properties", *Biomolecules*, *12*, 2022, 875.
2. P. M. Wimalasiri, R. Harrison, R. Hider, I. Donaldson, B. Kemp, B. Tian, "Extraction of Tannin, Colour and Aroma Compounds in Pinot Noir Wines as Affected by Clone Selection and Whole Bunch Addition", *Food Chem.*, *451*, 2024, 139495.
3. K. Billet, C. Thibon, M. L. Badet, N. Wirgot, L. Noret, M. Nikolantonaki, R. D. Gougeon, "White Wines Aged in Barrels with Controlled Tannin Potential Exhibit Correlated Long-Term Oxidative Stability in Bottle", *Food Chem. X*, *24*, 2024, 101907.
4. National Institute on Alcohol Abuse and Alcoholism(NIAAA), "Alcohol's Effects on Health", Environmental Protection Agency(EPA), 2022.
5. A. Radzicka, R. Wolfenden, "A Proficient Enzyme", *Science*, *267*, 1995, 90-93.
6. 6개의 탄소가 골격을 이루는 육탄당은 포도당을 포함해 총 여덟 가지가 있다. 이들은 입체 배열의 차이로 구분되는 입체 이성질체(diastereomers) 관계이며, 그 외에도 거울에 비친 형태를 기준으로 삼은 D-와 L-의 거울상 이성질체(enantiomers), 고리 구조 배향에 따른 아노머(anomer), 말단 형태에 따른 구조 이성질체(structural isomers) 관계로 더욱 세분된다.
7. U. E. Uzuegbu, I. Onyesom, "Fructose-Induced Increase in Ethanol Metabolism and the Risk of Syndrome X in Man", *C. R. Biol.*, *332*, 2009, 534-538.
8. J. S. Hyams, "Sorbitol Intolerance: An Unappreciated Cause of Functional Gastrointestinal Complaints", *Gastroenterol.*, *84*, 1983, 30-33.
9. D. F. Wilson, F. M. Matschinsky, "Ethanol Metabolism: The Good, the Bad, and the Ugly", *Med. Hypo.*, *140*, 2020, 109638.

10. C.-C. Yang, K.-S. Chan, K.-L. Tseng, S.-F. Weng, "Prognosis of Alcohol-Associated Lactic Acidosis in Critically Ill Patients: An 8-Year Study", *Sci. Rep.*, 6, 2016, 35368.

11. S. M. Alwahsh, M. Xu, F. C. Schultze, J. Wilting, S. Mihm, D. Raddatz, G. Ramadori, "Combination of Alcohol and Fructose Exacerbates Metabolic Imbalance in Terms of Hepatic Damage, Dyslipidemia, and Insulin Resistance in Rats", *PLoS ONE*, 9, 2014, e104220.

여섯 번째 잔 어두운 술은 숙취가 심하다

1. 원문은 'Μίμησις φύσεως ἐστὶν ἡ τέχνη'로 쓰인다. 'Μίμησις(mimesis)'는 모방을 뜻하는 단어이며, 'φύσις(physeos)'는 자연을 뜻한다. 아리스토텔레스는 예술이란 자연의 모습을 관찰하고 이를 재현하거나 변형해 표현하는 과정이라고 보았으며, 이 개념은 서양 예술에 큰 영향을 끼쳐 르네상스 이후에도 자주 언급된다.

2. World Health Organization, "Aspartame Hazard and Risk Assessment Results Released", 14 July 2023.

3. R. M. Roberts, *Serendipity: Accidental Discoveries in Science*, Wiley: New York, 1989, 150-154.

4. M. Liu, S. Li, T. Weiss, Y. Li, D. Wang, Y. Zheng, "Solid-State Fermentation of Grain Sorghum to Produce Chinese Liquor: Effect of Grain Properties and Fermentation Culture", *J. Cereal Sci.*, 114, 2023, 103776.

5. A. Böhm, I. Kaiser, A. Trebstein, T. Henle, "Heat-Induced Degradation of Inulin", *Eur. Food Res. Technol.*, 220, 2005, 466-471.

6. 공식 멕시코 표준 중 일부에 해당하며, 원문은 다음과 같다. "El metanol es un alcohol que se encuentra presente en todas las bebidas alcohólicas en mayor o menor proporción incluso en trazas. Proviene de la hidrólisis de las pectinas (pectinas solubles y propectinas), de las materias primas vegetales que se fermentan."

7. D. J. Rohsenow, J. Howland, J. T. Arnedt, A. B. Almeida, J. Greece, S. Minsky, C. S. Kempler, S. Sales, "Intoxication with Bourbon versus Vodka: Effects on Hangover, Sleep and Next-Day Neurocognitive Performance in Young Adults", *Alcohol Clin. Exp. Res.*, 34, 2009, 509-518.

일곱 번째 잔 생명의 물, 생명의 독

1. 가능성과 확률(probability), 빈번함과 주파수(frequency)처럼 같은 단어지만 분야에 따라 다르게 선호되는 의미가 있다. 'Solution' 역시 수학을 비롯한 기타 분야에서는 해답, 혹은 풀이라는 의미가 주를 이루지만 화학에서는 두 종류 이상의 물질이 균질하게 혼합된 형태인 용액을 일컫는다. 특히 에탄올은 다양한 용질을 녹일 수 있는 용매로 가장 대표적인 용액의 매개체이기도 하다.

2. D. Nutt, L. A. King, W. Saulsbury, C. Blakemore, "Development of a Rational Scale to Assess the Harm of Drugs of Potential Misuse", *The Lancet*, 369, 2007, 1047-1053.

3. P. J. Brooks, M.-A. Enoch, D. Goldman, T.-K. Li, A. Yokoyama, "The Alcohol Flushing Response: An Unrecognized Risk Factor for Esophageal Cancer from Alcohol Consumption", *PLoS Med.*, 6, 2009, e50.

4. P.-P. Hao, L. Xue, X.-L. Wang, Y.-G. Chen, J.-L. Wang, W.-Q. Ji, F. Xu, S.-J. Wei, Y. Zhang, "Association between Aldehyde Dehydrogenase 2 Genetic Polymorphism and Serum Lipids or Lipoproteins: A Meta-Analysis of Seven East Asian Populations", *Atheroscierosis*, 212, 2010, 213-216.

5. A. van Leent, D. W. Huntjens, E. N. Hamulyák, E. J. F. Franssen, C. W. H. de Fijter, R. J. Bosman, "Ethylene Glycol Intoxication: Mind Your Gap(s)! — A Case Report", *J. Emerg. Crit. Care Med.*, 8, 2024, 13.

6. Methanol Poisoning — Protocol — EMACC-WG, Oslo University Hospital, 2023.

7. 화학의 형성과 발달 과정에 크게 이바지한 '화학의 아버지'는 다른 학문 분야와 달리 세 명이 언급된다. 기체의 압력과 부피 사이의 관계인 보일의 법칙으로 유명한 로버트 보일이 첫 번째 아버지, 화학 용어와 체계를 확립한 앙투안 라부아지에(Antoine-Laurent de Lavoisier)가 두 번째 아버지, 다양한 원소를 발견하고 원소기호, 화합물 표기법, 원자량, 동소체 등을 규정한 옌스 야코브 베르셀리우스(Jöns Jacob Berzelius)가 마지막 세 번째 아버지로 통한다.

8. M. Haven(1868-1926; Nom Mystique d'Emmanuel Lalande), *Arnaud de Villeneuve, Sa vie et ses oeuvres*, Paris 1896, Description Matérielle., Vol XIX, n° 135, Th.: Méd.: Paris: 1895-1896, FRBNF36898812.

9. A. Schicchi, H. Besson, R. Rasamison, M.-P. Berleur, B. Mégarbane, "Fomepizole to Treat Disulfiram-Ethanol Reaction: A Case Series", *Clin. Toxicol(Phila).*, 58, 2020,

922-925.

10. B. Haberl, R. Pfab, S. Berndt, C. Greifenhagen, T. Zilker, "Case Series: Alcohol Intolerance with Coprine-Like Syndrome after Consumption of the Mushroom Lepiota aspera(Pers.:Fe.) Quél., 1886(Freckled Dapperling)", *Clin. Toxicol(Phila).*, *49*, 2011, 113-114.

여덟 번째 잔 술의 화학적 재조합

1. 러다이트 운동은 1811년부터 1817년까지 영국에서 벌어진 기계파괴운동으로, 산업혁명으로 노동자의 일자리가 위협받자 일어난 대중운동이다.
2. E. Schirrmeister, A.-L. Göhring, P. Warnke, "Psychological Biases and Heuristics in the Context of Foresight and Scenario Processes", *Futures Foresight Sci.*, *2*, 2020, e31.
3. W. Yang, H. Xu, "Industrial Fermentation of Vitamin C", *Industrial Biotechnology of Vitamins, Biopigments, and Antioxidants*, Wiley-VCH, 2016.
4. P.-O. Bussières, "The True History of the IPA Style", Le Temps D'Une Bière.
5. S. Sun, X. Wang, A. Yuan, J. Liu, Z. Li, D. Xie, H. Zhang, W. Luo, H. Xu, J. Liu, C. Nie, H. Zhang, "Chemical Constituents and Bioactivities of Hop (Humulus lupulus L.) and Their Effects on Beer-Related Microorganisms", *Food Energy Secur.*, *11*, 2022, e367.
6. K. Phetxumphou, G. Miller, P. L. Ashmore, T. Collins, J. Lahne, "Mashbill and Barrel Aging Effect on the Sensory and Chemometric Profiles of American Whiskeys", *J. Inst. Brew.*, *126*, 2020, 194-205.
7. A. C. Chang, F. C. Chen, "The Application of 20kHz Ultrasonic Waves to Accelerate the Aging of Different Wines", *Food Chem.*, *79*, 2002, 501-506.
8. W.-G. Früh, J. Hillis, S. Gataora, D. Maskell, "Reducing the Carbon Footprint of Whisky Production through the Use of a Battery and Heat Storage Alongside Renewable Generation", *RE&PQJ 19*, 2021, 429-434.

아홉 번째 잔 한 번 더 나에게 질풍 같은 용기를

1. B. F. Naironi, *De Saluberrima Potione Cahue, seu Cafe Nuncupata Discursus Fausti Naironi Banessii Maronitae, Linguae Chaldaicae, seu Syriacae in Almo Vrbis Archigymnasio Lectoris ad Eminentiss*, D. Io. Nicolaum S. R. E. card, Typis Michaelis Herculis, 1671.
가장 건강에 좋은 음료인 카우에, 즉 커피에 관해, 칼데아어 또는 시리아어로 쓴 바네스의 파우스투스 나이론이 한 강연이다. 이 길고 긴 책의 제목에는 저자가 마론파 사람이었고, 알모시의 아르키짐나시오(과거 볼로냐대학 본관으로, 시립 도서관과 해부학 강연장이 있었다)에서 학자들을 가르치는 강연자였다는 내용도 담겨 있다.

2. J. W. Daly, D. Shi, O. Nikodijevic, K. A. Jacobson, "The Role of Adenosine Receptors in the Central Action of Caffeine", *Pharmacopsychoecologia*, 7, 1994, 201-213.

3. J. A. N. Sefen, J. D. Patil, H. Cooper, "The Implications of Alcohol Mixed with Energy Drinks from Medical and Socio-Legal Standpoints", *Front. Behav. Neurosci.*, 16, 2022, 968889.

4. K. Phaosawasdi, R. Tolin, E. Mayer, R. S. Fisher, "Effects of Alcohols on the Pyloric Sphincter", *Dig. Dis. Sci.*, 24, 1979, 934-939.

5. J. R. Grider, "Role of Cholecystokinin in the Regulation of Gastrointestinal Motility", *J. Nutr.*, 124, 1994, 1334-1339.

6. B. J. Vandegrift, C. You, R. Satta, M. S. Brodie, A. W. Lasek, "Estradiol Increases the Sensitivity of Ventral Tegmental Area Dopamine Neurons to Dopamine and Ethanol", *PLoS ONE*, 12, 2017, e0187698.

7. J. S. Gavaler, "Alcoholic Beverages as a Source of Estrogens", *Alcohol Health Res. World*, 22, 1998, 220-228.

열 번째 잔 술의 마법과 속임수

1. G. T. Schneider, C. Lee, A. K. Sinha, P. M. Jordan, J. C. Holt, "The Mammalian Efferent Vestibular System Utilizes Cholinergic Mechanisms to Excite Primary Vestibular Afferents", *Sci. Rep.*, 11, 2021, 1231.

2. H. E. Criswell, G. R. Breese, "A Conceptualization of Integrated Actions of Ethanol

Contributing to Its GABAmimetic Profile: A Commentary", *Neuropsychopharmacology*, *30*, 2005, 1407-1425.

3. H. Abdel-Aziz, T. Windeck, M. Ploch, E. J. Verspohl, "Mode of Action of Gingerols and Shogaols on 5-HT3 Receptors: Binding Studies, Cation Uptake by the Receptor Channel and Contraction of Isolated Guinea-Pig Ileum", *Eur. J. Pharmacol.*, *530*, 2006, 136-143.

4. 내이 림프액은 반고리관 및 달팽이관 속을 채우고 있는 액체로, 평형감각과 청각 신호 전달에 중요한 역할을 한다. 반고리관에서 내이 림프액의 움직임은 머리의 회전운동을 감지하는 역할을 하며, 달팽이관에서는 소리의 기계적 진동을 유모세포(hair cell)를 통해 전기적 신호로 바꾸는 과정에 관여한다. 평형 소모는 반고리관의 팽대부 내부의 팽대능선(crista ampullaris) 위를 덮고 있는 젤라틴 구조물로, 유모세포와 함께 머리의 회전운동을 감지하는 역할을 한다. 내이 림프액이 움직일 때 평형 소모가 휘어지며 유모세포의 부동섬모(stereocilia)를 기울게 해 신경 신호를 생성한다.

5. F. Schmäl, O. Thiede, W. Stoll, "Effect of Ethanol on Visual-Vestibular Interactions during Vertical Linear Body Acceleration", *Alcohol Clin. Exp. Res.*, *27*, 2003, 1520-1526.

6. K. E. Money, W. S. Myles, "Heavy Water Nystagmus and Effects of Alcohol", *Nature*, *247*, 1974, 404-405.

7. Z. Li, K. S. Suslick, "A Hand-Held Optoelectronic Nose for the Identification of Liquors", *ACS Sens.*, *3*, 2018, 121-127.

8. J. Gracie, F. Zamberlan, I. B. Andrews, B. O. Smith, W. J. Peveler, "Growth of Plasmonic Nanoparticles for Aging Cask-Matured Whisky", *ACS Appl. Mater. Interfaces*, *5*, 2022, 15362-15368.

9. A. D. Carrithers, M. J. Brown VI, M. Z. Rashed, S. Islam, O. D. Velev, S. J. Williams, "Multiscale Self-Assembly of Distinctive Weblike Structures from Evaporated Drops of Dilute American Whiskeys", *ACS Nano*, *14*, 2020, 5417-5425.

10. M. Schartner, J. M. Beck, J. Laboyrie, L. Riquier, S. Marchand, A. Pouget, "Predicting Bordeaux Red Wine Origins and Vintages from Raw Gas Chromatograms", *Commun. Chem.*, *6*, 2023, 247.

들뜨는 밤엔 화학을 마신다
어른의 과학 취향 1

1판 1쇄 발행일 2025년 7월 28일

지은이 장홍제

발행인 김학원
발행처 (주)휴머니스트출판그룹
출판등록 제313-2007-000007호(2007년 1월 5일)
주소 (03991) 서울시 마포구 동교로23길 76(연남동)
전화 02-335-4422 **팩스** 02-334-3427
저자·독자 서비스 humanist@humanistbooks.com
홈페이지 www.humanistbooks.com
유튜브 youtube.com/user/humanistma
페이스북 facebook.com/hmcv2001
인스타그램 @humanist_insta

편집주간 황서현 **편집** 최현경 김선경 **디자인** 김태형
조판 홍영사 **용지** 화인페이퍼 **인쇄** 청아디앤피 **제본** 민성사

ⓒ 장홍제, 2025

ISBN 979-11-7087-353-2 04400
　　　979-11-7087-354-9(세트)

- 이 책은 저작권법에 따라 보호받는 저작물이므로 무단 전재와 무단 복제를 금합니다.
- 이 책의 전부 또는 일부를 이용하려면 반드시 (주)휴머니스트출판그룹의 동의를 받아야 합니다.